Márcia Rejani

Inglês Instrumental
Comunicação e Processos para Hospedagem

1ª Edição

Dados Internacionais de Catalogação na Publicação (CIP)
(Câmara Brasileira do Livro, SP, Brasil)

Rejani, Márcia
　　Inglês Instrumental: comunicação e processos para hospedagem / Márcia Rejani, -- 1. ed. -- São Paulo : Érica, 2014.

Bibliografia
ISBN 978-85-365-0801-6

1. Hospedagem 2. Inglês - Estudo e ensino - Estrangeiros 3. Inglês técnico - Estudo e ensino I. Título.

14-04469　　　　　　　　　　　　　　　　　　　　　　　　　　　　　　　　　　　　　CDD-428.007

Índices para catálogo sistemático:
1. Inglês instrumental para hospedagem: Estudo e ensino　　　428.007

Copyright © 2014 da Editora Érica Ltda.
Todos os direitos reservados. Nenhuma parte desta publicação poderá ser reproduzida por qualquer meio ou forma sem prévia autorização da Editora Érica. A violação dos direitos autorais é crime estabelecido na Lei nº 9.610/98 e punido pelo Artigo 184 do Código Penal.

Coordenação Editorial:	Rosana Arruda da Silva
Aquisições:	Alessandra Borges
Capa:	Maurício S. de França
Edição de Texto:	Beatriz M. Carneiro, Bonie Santos, Silvia Campos
Preparação e Revisão de Texto:	Angélica Halcsik
Produção Editorial:	Adriana Aguiar Santoro, Dalete Oliveira, Graziele Liborni, Laudemir Marinho dos Santos, Rosana Aparecida Alves dos Santos, Rosemeire Cavalheiro
Produção Digital:	Alline Bullara
Editoração:	Ponto Inicial Estúdio Gráfico

A Autora e a Editora acreditam que todas as informações aqui apresentadas estão corretas e podem ser utilizadas para qualquer fim legal. Entretanto, não existe qualquer garantia, explícita ou implícita, de que o uso de tais informações conduzirá sempre ao resultado desejado. Os nomes de sites e empresas, porventura mencionados, foram utilizados apenas para ilustrar os exemplos, não tendo vínculo nenhum com o livro, não garantindo a sua existência nem divulgação. Eventuais erratas estarão disponíveis para download no site da Editora Érica.

Conteúdo adaptado ao Novo Acordo Ortográfico da Língua Portuguesa, em execução desde 1º de janeiro de 2009.

A ilustração de capa e algumas imagens de miolo foram retiradas de <www.shutterstock.com>, empresa com a qual se mantém contrato ativo na data de publicação do livro. Outras foram obtidas da Coleção MasterClips/MasterPhotos© da IMSI, 100 Rowland Way, 3rd floor Novato, CA 94945, USA, e do CorelDRAW X5 e X6, Corel Gallery e Corel Corporation Samples. Copyright© 2013 Editora Érica, Corel Corporation e seus licenciadores. Todos os direitos reservados.

Todos os esforços foram feitos para creditar devidamente os detentores dos direitos das imagens utilizadas neste livro. Eventuais omissões de crédito e copyright não são intencionais e serão devidamente solucionadas nas próximas edições, bastando que seus proprietários contatem os editores.

Seu cadastro é muito importante para nós
Ao preencher e remeter a ficha de cadastro constante no site da Editora Érica, você passará a receber informações sobre nossos lançamentos em sua área de preferência.
Conhecendo melhor os leitores e suas preferências, vamos produzir títulos que atendam suas necessidades.

Contato com o editorial: editorial@editoraerica.com.br

Editora Érica Ltda. | Uma Empresa do Grupo Saraiva
Rua São Gil, 159 - Tatuapé
CEP: 03401-030 - São Paulo - SP
Fone: (11) 2295-3066 - Fax: (11) 2097-4060
www.editoraerica.com.br

Agradecimentos

À professora Rosana Mariano, por ter acreditado no meu trabalho desde que entrei no CEETEPS, há 22 anos.

A meu pai Accacio Rejani (in memoriam), pelo legado de integridade, ética e amor à vida.

A meus filhos Fernando e Michel que, mesmo distantes fisicamente, estiveram comigo neste projeto.

A meu irmão Cyro, pela torcida e pelo apoio.

A meu amigo Jorge, pela paciência, pelos conselhos e pelas sugestões diárias.

À minha amiga Sônia, pela amizade e pelos passeios aos domingos.

A meus tios Álvaro e Regina, pelo carinho.

À minha prima Raquel, pela preocupação.

Aos meus amigos da Etec Getúlio Vargas.

A todos os meus alunos, de ontem e de hoje, pela inspiração e pelas experiências.

A todos que, de uma forma ou outra, estiveram comigo nessa etapa.

Sobre a autora

Márcia Rejani, natural de São Paulo, é graduada em Letras pela Faculdade de Filosofia, Ciências e Letras da Fundação Santo André e em Pedagogia pela Universidade Bandeirante, com especialização lato sensu em Língua Inglesa e Tradução pela Universidade Paulista. Leciona Língua Inglesa e Inglês Instrumental há 27 anos, dos quais 22 em escolas técnicas do Centro Paula Souza.

Durante toda a sua trajetória como professora, dedicou-se também à elaboração de materiais didáticos, sendo responsável, no projeto de informatização das disciplinas do Núcleo Comum do Centro Paula Souza, pelo desenvolvimento do conteúdo de inglês.

Escreveu a coleção "Inglês para o Ensino Médio: aprendendo inglês por meio de textos", publicada em 2003.

Em 2004, começou a trabalhar com ensino a distância (e-learning). Para tanto, fez, inicialmente, o curso de extensão universitária em Formação de Professores e Multiplicadores de Ensino e Aprendizagem de Inglês Instrumental, pela Pontifícia Universidade Católica (PUC), e atuou como docente multiplicadora a distância para professores de escolas técnicas.

Como professora particular, atua principalmente na preparação de alunos para provas de admissão em cursos de mestrado, fazendo um levantamento das necessidades para, posteriormente, desenvolver o material dentro de sua área de especialidade ou atuação.

Foi sócia do Centro de Estudos de Línguas e Comunicação (Celic), que atua há mais de 15 anos na região do Ipiranga, em São Paulo, tanto em cursos regulares como a distância.

Atualmente, leciona Inglês para o Ensino Médio e Inglês Instrumental para os cursos de Administração, Química e Mecatrônica, na Escola Técnica Estadual (Etec) Getúlio Vargas, e se dedica à produção de materiais didáticos para suas aulas.

Sumário

Capítulo 1 - Recepção de Hóspedes 11

    1.1 Chegada à recepção (Arrival at reception) 11

    1.2 O alfabeto (The alphabet) 14

    1.3 Apresentações informais x apresentações formais (Informal x formal introductions) 14

        1.3.1 Pronomes de tratamento formais (Titles) 15

    1.4 As funções em um hotel (Jobs in a hotel) 16

    Agora é com você! 18

Capítulo 2 - Check-in 19

    2.1 Check in x check-in 19

    2.2 Hóspedes com reserva (Guests with reservation) 20

    2.3 Hóspedes sem reserva (Guests without reservation) 21

    2.4 Hóspede quer estender sua permanência (Guest wants to extend stay) 22

    2.5 Expressões de tempo e preposições (Time expressions and prepositions) 25

        2.5.1 Horas (Times) 27

        2.5.2 Datas (Dates) 28

    2.6 Verbos modais (Modal verbs) 29

    Agora é com você! 31

Capítulo 3 - Direções 33

    3.1 Perguntar o caminho e dar orientações (To ask for and to give directions) 33

    3.2 Imperativo (Imperative) 35

    3.3 Must/could 35

    3.4 Preposições de lugar (Prepositions of place) 37

    Agora é com você! 38

Capítulo 4 - Unidades Habitacionais 39

    4.1 Tipos de unidades habitacionais (Accomodation types) 39

    4.2 Objetos em um quarto (Objects in a room) 40

    4.3 There is/there are 42

    4.4 Have/has 43

    4.5 Grupos nominais (Nominal groups) 43

    4.6 Números (Numbers) 45

    Agora é com você! 47

Capítulo 5 - Tipos de Diárias e Comodidades 49

    5.1 Comodidades (Amenities) 49

    5.2 Palavras interrogativas (Interrogative words) 50

5.3 Tipos de tarifas (Types of rates) 51

5.4 Baixa temporada e alta temporada (Low season and high season) 51

Agora é com você! 53

Capítulo 6 - Atendimento Telefônico 55

6.1 Atendimento a clientes externos (Helping external clients) 56

6.2 Atendimento a clientes internos (Helping internal clients) 58

    6.2.1 Pedidos à recepção (Requests to the front desk) 59

    6.2.2 O hóspede pede para ser acordado (Guest asks for a wake-up call) 60

    6.2.3 O hóspede liga para reclamar de algo (Guest calls to complain) 60

6.3 Pronomes pessoais (Personal pronouns) 61

6.4 Adjetivos possessivos (Possessive adjectives) 62

6.5 Nacionalidades (Nationalities) 63

Agora é com você! 66

Capítulo 7 - Anotação e Transmissão de Mensagens 69

7.1 Formulários para anotar recados (Note-taking forms) 69

7.2 Mensagens externas para um hóspede (External messages for a guest) 70

    7.2.1 A linha está ocupada (Line's busy) 71

    7.2.2 O hóspede não está no hotel (The guest is not at the hotel) 72

7.3 Mensagem do hóspede para um funcionário (message from guest to staff) 73

7.4 Antigo hóspede liga para elogiar (Former guest calls to compliment) 74

7.5 Voz passiva (Passive voice) 74

7.6 Caso possessivo (Possessive case) 76

Agora é com você! 79

Capítulo 8 - No Restaurante 81

8.1 Cardápios (Menus) 81

    8.1.1 Exemplo de cardápio (Menu example) 82

    8.1.2 Vocabulário presente nos cardápios (Menu vocabulary) 83

8.2 Hóspede almoça no restaurante do hotel (Guest has lunch at the hotel restaurant) 85

8.3 Hóspedes do hotel vão ao restaurante e pedem informações sobre pratos
(Guests go to the hotel restaurant and ask about the dishes) 86

8.4 Hóspede vai ao bar do hotel (Guest goes to the hotel bar) 87

8.5 Reclamações (Complaints) 87

8.6 Plural dos substantivos (Plural of nouns) 89

8.7. Gênero dos substantivos (Gender of nouns) 89

8.8 I'd like / I'll have 91

Agora é com você! 93

Capítulo 9 - Check-out 95

    9.1. Frases úteis (Useful phrases) 95

        9.1.1 Como o hóspede pode dizer a que horas vai partir (How the guest can say what time he intends to leave) 95

        9.1.2 Como o hóspede pode pedir para pagar a conta (How the guest can ask for the bill) 96

        9.1.3 Como o funcionário da recepção pode pedir a chave do quarto (How the receptionist can ask for the room keys) 96

        9.1.4 Como o funcionário pode perguntar qual o quarto do hóspede (How the receptionist can ask what the room number is) 96

        9.1.5 Como o hóspede pede para que suas malas sejam pegas (How the guest can ask for someone to get the luggage) 97

        9.1.6 Como o funcionário sugere que o hóspede deixe suas malas com o carregador (How the receptionist suggests that the guest leaves their luggage with the bellboy) 97

        9.1.7 Como o hóspede pergunta se está tudo incluso (How the guest asks if everything is included) 97

        9.1.8 Como o hóspede pede para chamar um táxi (How the guest asks for a taxi) 97

        9.1.9 Como o funcionário da recepção oferece um táxi (How the receptionist offers to call for a taxi) 97

        9.1.10 Como o hóspede pergunta sobre o pagamento (How the guest asks about the payment) 97

        9.1.11 Como o funcionário pergunta sobre a forma de pagamento (How the receptionist asks about the payment method) 98

        9.1.12 Como o hóspede responde sobre a forma de pagamento (How the guest replies about the payment method) 98

        9.1.13 Como o funcionário pergunta sobre o consumo (How the receptionist asks about items bought by the guest) 98

        9.1.14 Como responder sobre o consumo (How to reply about items bought) 98

        9.1.15 Como o funcionário pergunta sobre a estada do hóspede, se despede ou deseja boa viagem (How the receptionist asks about the stay, says goodbye, or wishes a good trip home) 99

        9.1.16 Como o hóspede se despede do funcionário (How the guest says goodbye to the receptionist) 99

    9.2 Hóspede do hotel faz o check-out (Guest checks out) 100

    9.3 Verbos regulares e irregulares (Regular and irregular verbs) 100

    9.4 Tempos verbais (Verbal tenses) 101

        9.4.1 Simple present 101

        9.4.2 Present continuous 101

  9.4.3 Simple future..101

  9.4.4 Future continuous 102

  9.4.5 Simple past 102

  9.4.6 Present perfect 102

 9.5 Pronomes indefinidos (Indefinite pronouns) 102

 Agora é com você!..105

Capítulo 10 - Informações Gerais e Sugestões de Roteiros.. 107

 10.1 Informações escritas (Written information) 107

  10.1.1 E-mails..108

  10.1.2 "Fale Conosco" (Contact us) 112

 10.2 Informações verbais (Oral information) 113

 10.3 Sugestão de roteiros (Tour suggestions) 114

  10.3.1 Perguntas e respostas (Questions and answers) 114

  10.3.2 Vocabulário (Vocabulary)...115

  10.3.3 Onde encontrar informações (Where to find information)...116

 Agora é com você!..121

Bibliografia 125

Apêndice A - Tendências e Perspectivas do Inglês Instrumental para o Futuro 127

Apêndice B - Estratégias de Leitura (Reading Strategies)... 129

Apêndice C - Gramática (Grammar).. 133

Apêndice D - American English vs. British English.. 143

Apresentação

O inglês instrumental começou na década de 1960 em razão da demanda mundial por cursos de língua inglesa. No Brasil, a história do inglês instrumental teve início na década de 1970, por meio do Projeto Nacional de Ensino de Inglês Instrumental em Universidades Brasileiras, na Pontifícia Universidade Católica de São Paulo, e, posteriormente, se expandiu para outras universidades e escolas técnicas do país. Originalmente chamado English for Specific Purposes (ESP), o inglês instrumental tem como uma de suas bases o levantamento das necessidades linguísticas dos alunos em seus ambientes de atuação específicos, para uma posterior criação de cursos que atendam a essas necessidades. Assim, os alunos poderão usar a língua para realizar tarefas comunicativas, tanto orais (ouvir e falar) como escritas (ler e escrever). Em outras palavras, o foco é o aluno e suas necessidades com relação ao uso da língua em sua área específica.

O livro *Inglês instrumental: comunicação e processos para hospedagem* tem como objetivo atender às necessidades dos profissionais da área de hospedagem relacionadas à língua inglesa, qualificando-os no atendimento a hóspedes ou turistas. Trata-se de um material que ensina a usar o idioma em situações que fazem parte do dia a dia de hotéis em geral, com exemplos práticos e linguagem simples e objetiva. As situações abordadas vão desde a entrada do hóspede no hotel até o momento de sua saída, ao longo dos dez capítulos que compõem este livro. Cada um deles aborda um diferente aspecto da estada de hóspedes em um hotel na cidade de São Paulo.

O Capítulo 1 aborda os cumprimentos e as apresentações básicas, tanto formais quanto informais, além do alfabeto, item fundamental para soletrarmos algum nome ou palavra desconhecidos. No Capítulo 2, é trabalhado o check-in, que é a primeira etapa da entrada de um hóspede em um hotel. Nos diálogos do Capítulo 3, o hóspede pede informações de como chegar a diversos locais, tanto nos arredores quanto em lugares mais distantes. Já no Capítulo 4 o aluno aprende a descrever os diferentes tipos de unidades habitacionais, seus móveis e objetos. O Capítulo 5 enfoca as diferentes diárias disponíveis em um hotel, sendo que o aluno aprende a explicar as características de cada uma ao hóspede ou ao turista.

No Capítulo 6, analisamos o atendimento às ligações telefônicas de clientes externos e internos. O Capítulo 7 mostra exemplos de anotação e transmissão de mensagens, dirigidas aos hóspedes ou a funcionários do hotel, com a apresentação de um formulário para essas anotações. No Capítulo 8 apresentamos o serviço de restaurante dentro do hotel, no qual o aluno irá aprender a falar sobre as características do prato, a anotar o pedido e a confirmá-lo. O Capítulo 9 aborda o check-out, que é a última etapa da permanência do hóspede no hotel. Por fim, o Capítulo 10 trata de informações sobre os mais diversos assuntos que o funcionário do hotel poderá vir a passar ao hóspede. Estudamos também como responder a e-mails recebidos e ao "Fale Conosco".

Bom trabalho a todos!

A autora

1

Recepção de Hóspedes

Para começar

Este capítulo tem por objetivo apresentar frases úteis em língua inglesa no atendimento a hóspedes em um hotel. São sentenças utilizadas quando da chegada do hóspede, incluindo-se os cumprimentos e as apresentações básicas, tanto formais quanto informais. Estudaremos o alfabeto, já que este é fundamental quando pedimos a um hóspede que soletre seu nome ou alguma palavra que não conseguimos compreender.

Também iremos desenvolver vocabulário referente à descrição das funções e dos cargos existentes em um hotel, bem como as estruturas verbais usadas para isso.

1.1 Chegada à recepção (Arrival at reception)

Imagine a seguinte situação: Harald e Mari Haugnes chegam ao Hotel Internacional, em São Paulo, onde reservaram um quarto. Eles são da cidade de Trondheim, na Noruega, e vão passar 12 dias no Brasil. Harald é pesquisador de uma universidade e sua esposa Mari está aproveitando suas férias para acompanhar o marido. Ela é dentista em sua cidade natal. Acompanhe o diálogo entre o senhor Haugnes e a recepcionista, que não entendeu o nome de Harald.

Harald: Good evening. My name is Harald Haugnes. I reserved a double room for twelve days.

Receptionist: Good evening. Could you repeat your name, please?

Harald: Harald Haugnes.

Receptionist: Sorry, I don't understand. Please, could you spell that?

Harald: H – A – R – A – L – D.

Receptionist: Yes…

Harald: H – A – U – G – N – E – S.

Receptionist: Oh yes, Mr. Haugnes. Let me see… room 132. Would you like to register, please? Here is the form.

Harald: Thank you.

Harald fills the form.

Receptionist: Thank you, sir. Here is your key. The room number is 132.

Harald: Thank you.

Fique de olho!

Contrações

Em inglês, é bastante comum o uso de formas verbais abreviadas, principalmente em contextos mais informais. O apóstrofo é usado no lugar da letra ou das letras omitidas. Os verbos auxiliares são os mais frequentemente abreviados. Em contextos formais escritos, devem ser evitadas as formas reduzidas.

Veja alguns exemplos:

My name's Louise. = My name is Louise.

Here's your key. = Here is your key.

I'm sorry, sir. = I am sorry, sir.

They're traveling to Italy. = They are traveling to Italy.

He doesn't have a passport. = He does not have a passport.

I'd like a piece of cake. = I would like a piece of cake.

Figura 1.1 - Mari Haugnes takes the key.

No trecho anterior, a recepcionista pede para o senhor Harald Haugnes repetir seu nome usando a frase "Could you repeat your name, please?". Ela poderia usar outras frases para isso, como:

» I'm sorry. I didn't catch that. Could you speak more slowly?

(Desculpe-me. Não entendi. Poderia falar mais devagar?)

» Pardon me. I don't understand. Say that again, please.

(Desculpe-me. Não estou entendendo. Fale novamente, por favor.)

Após não entender novamente, ela pede para o hóspede soletrar seu nome usando a frase "Please, could you spell that?". Outras possibilidades para isso seriam:

» How do you spell your name, please?

(Como se soletra o seu nome, por favor?)

» Please, how do you spell that?

(Por favor, como se soletra isso?)

Caso a recepcionista não tivesse entendido mesmo após o senhor Haugnes ter soletrado, ela poderia pedir ajuda a algum outro funcionário com mais domínio do idioma, por meio da frase: "Just a moment. I will get someone to help you, sir." (Só um momento. Vou chamar alguém para ajudá-lo, senhor.)

Amplie seus conhecimentos

Você sabia que a Noruega, terra dos hóspedes apresentados no diálogo inicial, é o país com o melhor Índice de Desenvolvimento Humano (IDH) do mundo? Em inglês, a sigla é HDI (Human Development Index). Veja a seguir a definição para este índice, disponível no site: <http://geography.about.com/od/countryinformation/a/unhdi.htm> (acesso em: 11 abr. 2014)

The Human Development Index (commonly abbreviated HDI) is a summary of human development around the world and implies whether a country is developed, still developing, or underdeveloped based on factors such as life expectancy, education, literacy, gross domestic product per capita.

De acordo com as informações do site <http://wikitravel.org/en/Norway> (acesso em 11 abr. 2014), oficialmente 91% da população falam inglês fluentemente, ou seja, praticamente todos os noruegueses. No Brasil, não há dados estatísticos precisos sobre o número de falantes de inglês, mas as estimativas giram em torno de 10% da população.

Essa é a razão de ser tão importante o profissional da área de hospedagem se aprimorar no estudo da língua inglesa, uma vez que o mercado está carente de profissionais fluentes no idioma. O estudo e a prática contínua, tanto na forma escrita como falada, são alguns meios para se obter a fluência.

Pesquise na Internet mais curiosidades sobre o idioma inglês. Tente descobrir qual o país com mais falantes de inglês como primeira e como segunda língua. Compartilhe as informações com seus colegas.

1.2 O alfabeto (The alphabet)

Aprender o alfabeto em inglês é fundamental no atendimento a hóspedes estrangeiros. Veja, na Tabela 1.1, o alfabeto (the alphabet) e a representação aproximada de sua pronúncia. Para uma representação mais exata, é preciso utilizar a escrita fonética.

Tabela 1.1 - The alphabet

A	B	C	D	E	F	G	H	I	J	K	L	M
ei	bi	ci	di	i	éf	dgi	eitch	ai	djei	kei	él	ém
N	O	P	Q	R	S	T	U	V	W	X	Y	Z
én	ou	pi	kiu	ar	és	ti	iu	vi	dabliu	éks	uai	zi/zed

Que tal agora soletrar os sobrenomes a seguir? Eles são os dez mais comuns nos Estados Unidos, de acordo com o site <http://names.mongabay.com/most_common_surnames.htm> (acesso em: 07 abr. 2014).

Smith – Johnson – Williams – Jones – Brown - Davis – Miller – Wilson – Moore – Taylor

> **Fique de olho!**
>
> Para representarmos adequadamente os sons das palavras em inglês, podemos recorrer ao IPA (International Phonetic Alphabet) ou AFI (Alfabeto Fonético Internacional). A tabela completa pode ser vista em <http://www.usingenglish.com/files/pdf/common-ipa-international-phonetic-alphabet-symbols.pdf> (acesso em: 07 abr. 2014). Bons dicionários também costumam apresentar listas ou quadros dos principais símbolos fonéticos e palavras como exemplo, além de mostrarem a transcrição fonética de cada verbete. Veja o exemplo a seguir, extraído do Cambridge Academic Content Dictionary, em que a transcrição aparece entre barras:
>
> hotel/hou'tel/*n*
>
> a building where you pay to have a room to sleep in, and where you can sometimes eat meals.

1.3 Apresentações informais x apresentações formais (Informal x formal introductions)

Observe a seguir algumas frases que as pessoas podem usar para se apresentar e começar a interagir em um ambiente informal. As perguntas mais frequentes e suas respostas são sobre o nome, o local de origem e a nacionalidade:

Hello (Hi), my name is...

What's (is) your name?

Where are you from?

I'm from…

Are you Brazilian? (American, Italian, Spanish, Canadian etc.)

Há também os cumprimentos que utilizamos ao sermos apresentados a alguém. Veja as possibilidades:

Nice to meet you.

Glad to meet you.

Pleased to meet you.

It's a pleasure to meet you.

It's a pleasure meeting you.

Temos ainda uma expressão mais formal equivalente às que foram citadas, que é "How do you do?", porém pouco usada atualmente.

Devemos nos lembrar também dos cumprimentos relacionados aos diferentes momentos do dia:

Good morning! (Bom dia!)

Good afternoon! (Boa tarde!)

Good evening! (Boa noite! – na chegada)

Good night! (Boa noite! – na partida)

1.3.1 Pronomes de tratamento formais (Titles)

Usamos Mr. (senhor) para homens casados e solteiros, Mrs. (senhora) para mulheres casadas, Miss (senhorita) para mulheres solteiras e Ms. (senhora/senhorita) tanto para mulheres casadas como solteiras, ou quando não sabemos seu estado civil.

A seguir, está um exemplo de como ficaria um pequeno diálogo formal de apresentação:

Mr. Diniz: How do you do, Mrs. Andrade?

Mrs. Andrade: How do you do, Mr. Diniz?

1.4 As funções em um hotel (Jobs in a hotel)

Apresentamos, nas Figuras 1.2 a 1.9, os nomes em inglês das funções em um hotel e suas respectivas descrições.

Figura 1.2 - Bellhop/bellboy/bellman/porter (carregador de malas).

Profissional que ajuda os hóspedes com suas bagagens.

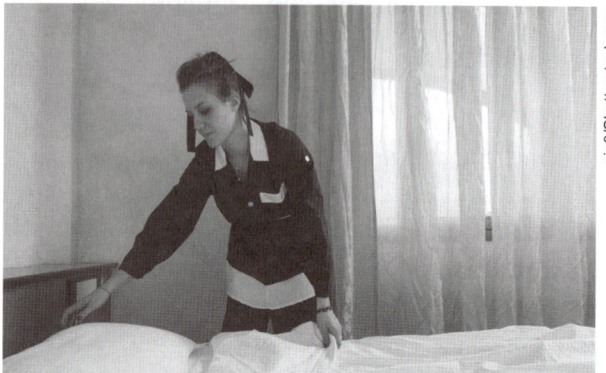

Figura 1.3 - Chambermaid (arrumadeira).

Profissional que arruma as camas em um hotel.

Figura 1.4 - Concierge (zelador/porteiro).

Profissional responsável por auxiliar os hóspedes em todos os tipos de pedidos, desde chamar um táxi até agendar passeios turísticos na região.

Figura 1.5 - Front desk clerk/receptionist (recepcionista).

Funcionário responsável pelo "check-in" e "check-out".

Figura 1.6 - General manager (gerente geral).

Funcionário que supervisiona todas as operações dentro do hotel e cuida para que tudo aconteça corretamente.

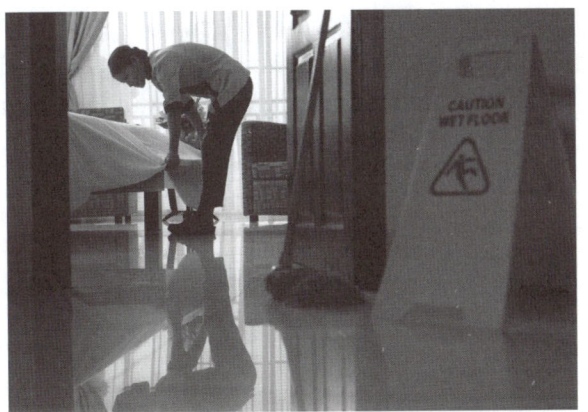

Figura 1.7 - Housekeeper (faxineira).

Profissional responsável pela limpeza e arrumação do quarto diariamente.

Figura 1.8 - Maintenance people (pessoal da manutenção).

Funcionários que realizam a manutenção das instalações e dos equipamentos do hotel.

Figura 1.9 - Operator (telefonista).

Profissional que atende e ocasionalmente faz as ligações telefônicas no hotel.

Exemplos

Vamos ver alguns exemplos? Para isso, utilizamos o verbo "to be", como a seguir:

I'm the hotel general manager. Can I help you?

Fred is the concierge. He can tell you how to go to the mall.

Fernando and Michel are the operators in the hotel. They are very nice people.

Adelaide and Manoela are the chambermaids here. They work from 6 a.m. to 2 p.m.

Charles is the bellboy. He is eighteen years old.

Recepção de Hóspedes

Agora é a sua vez: crie cinco frases similares aos exemplos acima com os nomes Matilde, Nelson, Francisca, Julia, Letícia, Bernardo e João Paulo. Lembre-se de usar o verbo "to be", tanto no singular como no plural. Caso tenha dúvidas, consulte a Tabela 1.2.

Tabela 1.2 - Verb to be

Forma afirmativa	Forma negativa	Forma interrogativa
I am (I'm)	I am not (I'm not)	Am I?
You are (You're)	You are not (You aren't)	Are you?
He is (He's)	He is not (He isn't)	Is he?
It is (It's)	It is not (It isn't)	Is it?
She is (She's)	She is not (She isn't)	Is she?
We are (We're)	We are not (We aren't)	Are we?
You are (You're)	You are not (You aren't)	Are you?
They are (They're)	They are not (They aren't)	Are they?

Vamos recapitular?

Neste capítulo, foram apresentadas as frases utilizadas no atendimento a hóspedes que chegam ao hotel. Abordamos também a importância de se conhecer o alfabeto em inglês, caso seja necessário pedir que se soletre alguma palavra ou nome. Estudamos ainda os cargos mais comuns em um hotel e a necessidade do uso do verbo "to be" para falar a respeito de tais profissionais.

Agora é com você!

Crie três diálogos. O primeiro deve ser entre um hóspede recém-chegado do exterior e a recepcionista do hotel, que deve pedir a ele que soletre seu nome. O segundo deverá ser informal, entre três ou quatro pessoas que estão no *coffee break* de uma palestra no hotel e se apresentam, fazendo perguntas básicas umas às outras. O terceiro será um diálogo formal entre três pessoas, sendo que duas delas não se conhecem e estão sendo apresentadas neste momento.

Check-in

2

Para começar

O check-in é a primeira etapa da entrada de um hóspede no hotel. Serão apresentados diálogos em que os hóspedes são recepcionados, falam sobre suas reservas, preenchem formulários, tiram dúvidas sobre as acomodações e, finalmente, recebem as chaves.

No primeiro diálogo, o hóspede que chega havia feito a reserva; no segundo, um casal chega com um bebê sem ter feito reserva e, no terceiro, uma hóspede que havia feito reserva resolve estender seu período de permanência no hotel.

2.1 Check in x check-in

Vamos analisar algumas frases?

At check-in, the person must fill in a registration form.
(No check-in, a pessoa deve preencher um formulário de registro.)

She walked to the check-in desk.
(Ela caminhou até o balcão de check-in.)

Please, I would like to check in now.
(Por favor, eu gostaria de fazer o check-in agora.)

Na primeira oração, "check-in" é um substantivo, na segunda é um adjetivo, pois está caracterizando o substantivo "desk". Já na última, "check in" é um verbo. Assim, podemos dizer que:

- a forma check-in (com hífen) é a apropriada quando for usada como adjetivo ou substantivo;
- a forma check in (sem hífen) é a correta quando se tratar de um verbo.

2.2 Hóspedes com reserva (Guests with reservation)

Mr. Chapman chega ao hotel no Rio de Janeiro em um domingo, vindo dos Estados Unidos, para alguns dias de descanso. Ele já havia feito uma reserva por telefone.

Mr. Chapman: Good afternoon. My name is Chapman, Adam Chapman. I called last week and reserved a room in this hotel.

Receptionist: Good afternoon, Mr. Chapman. Let me see… That is here… a single room with a view to the sea.

Mr. Chapman: Correct!

Receptionist: We have a nice room with a great view on the third floor.

Mr. Chapman: That's OK for me.

Receptionist: How long will you be staying here?

Mr. Chapman: I'll stay till next Saturday.

Receptionist: May I see your passport, please?

Mr. Chapman: Oh, yes. Here it is.

Mr. Chapman shows his passport.

Receptionist: Thank you, sir. I'll take a copy. Just a moment, please.

Mr. Chapman: Sure.

The receptionist takes the copy.

Receptionist: Would you fill in this registration form, please?

Mr. Chapman fills in the form.

Mr. Chapman: Here you are. Is breakfast included in the price?

Receptionist: Oh yes, we have continental breakfast, and you can also choose breakfast by the menu.

Mr. Chapman: Very good. Can I leave my things in the safe?

Receptionist: Yes, sir.

Mr. Chapman: Do you have a fitness center here?

Receptionist: Yes, it's included in the price.

Mr. Chapman: How about the laundry service?

Receptionist: It is available for a surcharge.

Mr. Chapman: All right, can I have my key now?

Receptionist: Here you are, sir. Have a good stay.

2.3 Hóspedes sem reserva (Guests without reservation)

O casal Matthew e Mia Fisher chega ao Rio de Janeiro no mesmo dia que Mr. Chapman, vindos da Irlanda com seu filho Declan, de oito meses. Eles ficarão uma semana no hotel. No entanto, eles não fizeram reserva.

Mr. Fisher: Good morning!

Receptionist: Good morning. Can I help you?

Mr. Fisher: We would like a room, please.

Receptionist: For how many people?

Mr. Fisher: Three. My wife and I… and our son.

Receptionist: I have a double room with an extra bed on the fifth floor.

Mr. Fisher: Oh, we need a crib for our son. He's only eight months.

Receptionist: Let me see… we have a double room on the fourth floor and I can ask someone to carry a crib to the room.

Mr. Fisher: Is this room quiet? Sometimes it's difficult for the baby to fall asleep.

Receptionist: Yes, sir. This is one of the quietest rooms in the hotel.

Mr. Fisher: I see. Well, could you please book the room for one week then?

Receptionist: Yes, of course, but I have to ask you to pay in advance because it wasn't a confirmed booking.

Mr. Fisher: May I pay by credit card?

Receptionist: Yes, sir. Would you like to register now?

Mr. Fisher: Yes, please.

Receptionist: Would you mind filling in this registration form, please?

Mr. Fisher fills in the registration form.

Receptionist: So, that's a double room with a crib for seven days.

Mr. Fisher: Right.

Receptionist: That will be R$ 2661. Your credit card, please?

Mr. Fisher: Oh, here it is.

Receptionist: Here's your key, Mr. Fisher. It's room 148. The bellboy will help you with the luggage.

Mr. Fisher: Thank you very much. What time is breakfast?

Receptionist: It is from 7 to 10:30 a.m.

Mr. Fisher: Thank you.

2.4 Hóspede quer estender sua permanência (Guest wants to extend stay)

A hóspede Ms. Olivia Paterson tinha reserva para uma semana, mas resolveu ficar hospedada mais alguns dias.

Ms. Paterson: Good evening.

Receptionist: Good evening, madam.

Ms. Paterson: I have a reservation for one single room. My name is Olivia Paterson.

Receptionist: Let me see. Oh, it's here. Ms. Olivia Paterson. A single standard room from Monday to Friday. Payment via credit card.

Ms. Paterson: That's correct but I have a problem. I have decided to extend my stay. I intend to leave just on Monday.

Receptionist: Just a moment. I will verify if there is not any other reservation for this room.

Ms. Paterson: That's OK.

Receptionist: You can stay till next Monday. Your room is number 84.

Ms. Paterson: Thank you. Could you tell me something? Are there any vegetarian dishes in your restaurant?

Receptionist: Yes, there are very good vegetarian dishes in the menu.

Ms. Paterson: Oh great. Could I have a call in the morning, please?

Receptionist: Yes, certainly. What time?

Ms. Paterson: At seven o'clock.

Receptionist: That's right.

Ms. Paterson: Thank you.

Receptionist: Here is your key. The porter will take your luggage.

Figura 2.1 - Há duas palavras para bagagem: luggage e baggage. Temos também algumas expressões com baggage: a piece of baggage (uma mala), baggage allowance (limite de bagagem), baggage checkroom (depósito de bagagem) e baggage reclaim (restituição de bagagem).

Ao entrar no país, é obrigatório preencher a Ficha Nacional de Registro de Hóspedes (FNRH), cujo objetivo é alimentar a base de dados do Instituto Brasileiro de Turismo (Embratur), como visto na Figura 2.2.

MINISTÉRIO DA INDÚSTRIA, DO COMÉRCIO E DO TURISMO **EMBRATUR** INSTITUTO BRASILEIRO DE TURISMO	GOVERNO DO ESTADO SECRETARIA DE SEGURANÇA PÚBLICA **FNRH** FICHA NACIONAL DE REGISTRO DE HÓSPEDES		

PESSOA JURÍDICA			REG. EBT:		
EMPREENDIMENTO:			TIPO:	CAT.:	TELEFONE:
ENDEREÇO:		CEP:	MUNICÍPIO:		UF:

FAVOR USAR ESFEROGRÁFICA E LETRA DE FORMA - PLEASE BALL POINT AND BLOCK LETTERS:

NOME COMPLETO - FULL NAME			TELEFONE - TELEPHONE	
PROFISSÃO - OCCUPATION	NACIONALIDADE - NATIONALITY	IDADE - AGE	SEXO - SEX M [0] F [2]	
DOCUMENTO DE IDENTIDADE - TRAVEL DOCUMENT				
NÚMERO / NUMBER	TIPO / TYPE	ÓRGÃO EXPEDIDOR / ISSUING COUNTRY		
RESIDÊNCIA PERMANENTE - PERMANENT ADDRESS		CIDADE, ESTADO - CITY, STATE	PAÍS - COUNTRY	
ÚLTIMA PROCEDÊNCIA - ARRIVING FROM (CIDADE, PAÍS - CITY, COUNTRY)				
PRÓXIMO DESTINO - NEXT DESTINATION (CIDADE, PAÍS - CITY, COUNTRY)				

MOTIVO DA VIAGEM - PURPOSE OF TRIP			
TURISMO / TOURISM [7]	NEGÓCIO / BUSINESS [9]	CONVENÇÃO / CONVENTION [2]	OUTRO / OTHER [4]

MEIO DE TRANSPORTE - ARRIVING BY			
AVIÃO / PLANE [6]	NAVIO / SHIP [8]	AUTOMÓVEL / CAR [0]	ONIBUS/TREM / BUS/TRAIN [1]

ASSINATURA DO HÓSPEDE - GUEST SIGNATURE

ENTRADA DATA	HORA	SAÍDA DATA	HORA
ACOMPANHANTES [1]	UH Nº	FNRH	REGISTRO

PARA USO DA EMBRATUR			
CÓDIGO PAÍS [1]	CÓDIGO PROF. [3]	CÓDIGO PROCED. [5]	CÓDIGO DESTINO [7]

NOTA: INFORMAÇÕES MÍNIMAS OBRIGATÓRIAS

Figura 2.2 - Exemplo de Ficha Nacional de Registro de Hóspedes (FNRH).

2.5 Expressões de tempo e preposições (Time expressions and prepositions)

No momento do check-in e em outras ocasiões da estada do hóspede no hotel, pode ser necessário que o atendente conheça expressões de tempo em inglês. Vamos começar pelos dias da semana e pelos meses.

Tabela 2.1 - Days of the week

Days of the week	Dias da semana
Monday	segunda-feira
Tuesday	terça-feira
Wednesday	quarta-feira
Thursday	quinta-feira
Friday	sexta-feira
Saturday	sábado
Sunday	domingo

Tabela 2.2 - Months

Months	Meses
January	Janeiro
February	Fevereiro
March	Março
April	Abril
May	Maio
June	Junho
July	Julho
August	Agosto
September	Setembro
October	Outubro
November	Novembro
December	Dezembro

Lembre-se de que os dias da semana e os meses devem ser escritos em inglês com as iniciais maiúsculas. Além disso, é preciso usar as preposições adequadas. Para os dias da semana, usamos ON. Já para os meses, usamos IN, e, para datas, ON. Para anos, emprega-se IN. Veja os exemplos:

The couple arrived on Tuesday. (O casal chegou na terça-feira.)

They will leave on Friday. (Eles partirão na sexta-feira.)

They decided to travel in September. (Eles decidiram viajar em setembro.)

Many students prefer to travel in December. (Muitos estudantes preferem viajar em dezembro.)

Mr. Cooper has a reservation. He sent us a fax on April 20. (O Sr. Cooper tem uma reserva. Ele nos enviou um fax em 20 de abril.)

She paid in advance on February 18. (Ela pagou adiantado em 18 de fevereiro.)

The hotel's first tower was opened on 11 November 2012. (A primeira torre do hotel foi aberta em 11 de novembro de 2012.)

This hotel was built in 2009. (Este hotel foi construído em 2009.)

The president's family is going to fly to Rome in 2016. (A família do presidente viajará para Roma em 2016.)

A Tabela 2.3 mostra outras expressões de tempo e suas respectivas preposições.

Tabela 2.3 - More time expressions

At noon	Ao meio-dia
At night	À noite
At midnight	À meia-noite
In the morning	Pela manhã
In the afternoon	À tarde
In the evening	À noite (ou no final da tarde)
In summer	No verão
In spring	Na primavera
In fall	No outono
In winter	No inverno
At lunchtime	Na hora do almoço

Vamos ver mais alguns exemplos?

They went to the mall *at noon*. (Eles foram ao shopping center ao meio-dia.)

I will be very busy *at lunchtime*. (Estarei muito ocupado na hora do almoço.)

Those lodgers registered *in the evening*. (Aqueles hóspedes se registraram à noite.)

When will they arrive? *At night*. (Quando eles vão chegar? À noite.)

2.5.1 Horas (Times)

Figura 2.3 - What time is it?

Um hóspede poderá perguntar as horas no hotel ou questionar quando abre ou fecha o restaurante ou o bar. Poderá também querer saber em que horário é realizada a limpeza do quarto ou a que horas o almoço ou o jantar são servidos. Para entender e responder tais perguntas, é preciso saber como expressar as horas em inglês.

Para perguntar sobre o tempo em um sentido geral, usamos "What time is it?" ou "What's the time?". A frase de resposta começa com "It's", seguido da hora.

2.5.1.1 Horas exatas (Exact times)

Para horas exatas, acrescentamos "o'clock" no final da frase. Além disso, para horas antes do meio-dia usamos a.m. (ante meridien) e para horas após o meio-dia, p.m. (post meridien).

Por exemplo:

What time is it, please? (Que horas são, por favor?)

It's seven o'clock. (São sete horas.) / It's seven a.m. (São sete da manhã.)

It's 4 p.m. (São quatro da tarde.)

2.5.1.2 Horas não exatas (Non-exact times)

Para horas não exatas, podemos simplesmente dizer a hora e depois os minutos, como nos exemplos:

- » 9:18 – It's nine eighteen.
- » 6:30 – It's six thirty.
- » 2:32 – It's two thirty-two.
- » 4:21 – It's four twenty-one.
- » 7:46 – It's seven forty-six.
- » 5:11 – It's five eleven.
- » 1:12 – It's one twelve.

Outra maneira é dizermos "past" para indicar quantos minutos se passaram daquela hora (até os 30 minutos), ou seja:

- » 9:18 – It's eighteen past nine.
- » 4:21 – It's twenty-one past four.
- » 5:11 – It's eleven past five.
- » 1:12 – It's twelve past one.

Aos trinta minutos, emprega-se "half past" ou "thirty past":

- » 6:30 – It's half past six. / It's thirty past six.

Usamos "to" para os minutos depois de 30. Neste caso, verificamos quantos minutos faltam para a hora seguinte.

- » 2:32 – It's twenty-eight to three. (Faltam vinte e oito para as três.)
- » 7:46 – It's fourteen to eight. (Faltam quatorze para as oito.)
- » Para os 15 e 45 minutos, também podemos usar "a quarter" (um quarto de hora).
- » 3:45 – It's three forty-five. / It's fifteen to four. / It's a quarter to four.
- » 9:15 – It's nine fifteen. /It's fifteen past nine. /It's a quarter past nine.

Para finalizar este assunto, algumas expressões com a palavra "time": in time (a tempo), just in time (na hora certa), to be on time (estar na hora), from time to time (de vez em quando), any time now (a qualquer momento), time off (tempo livre) e time zone (fuso horário).

2.5.2 Datas (Dates)

Em relação às datas, no inglês britânico, usa-se a mesma ordem do Brasil, ou seja, dia-mês-ano (day-month-year). Há as formas completas, com dia-mês por extenso-ano (day-month in full-year), como em 25 August 2002. Também é usada a forma com os dias representados por números ordinais (25th August 2002). Existe ainda a forma curta, que é mais informal (25-08-2002).

No inglês americano, a ordem é mês-dia-ano (month-day-year). Para as formas completas, usa-se mês por extenso-dia-ano. Assim, temos o exemplo August 25, 2002 ou August 25th, 2002. A forma curta seria 08-25-2002.

A maneira de falarmos as datas é diferente de como as escrevemos. Oralmente, empregamos os números ordinais.

Vamos ver os exemplos?

My oldest son was born on 3 January 1984.	My oldest son was born on January the third, nineteen eighty-four. My oldest son was born on January third, nineteen eighty-four. My oldest son was born on the third of January, nineteen eighty-four.
My youngest son was born on 1 September 1987.	My youngest son was born on September the first, nineteen eighty-seven. My youngest son was born on September first, nineteen eighty-seven. My youngest son was born on the first of September, nineteen eighty-seven.
The hotel was opened on 25 August 2002.	The hotel was opened on August the twenty-fifth, two thousand and two. The hotel was opened on August twenty-fifth, two thousand and two. The hotel was opened on the twenty-fifth of August, two thousand and two.

Exemplo

Agora veja alguns exemplos de como falamos as datas em inglês:

12 June 2012 = June (the) twelfth, two thousand and twelve ou the twelfth of June, two thousand and twelve.

2 October 2009 = October (the) second, two thousand and nine ou the second of October, two thousand and nine.

25 December 2010 = December (the) twenty-fifth, two thousand and ten ou the twenty-fifth of December, two thousand and ten.

2.6 Verbos modais (Modal verbs)

Nos três diálogos mostrados neste capítulo, foi possível observar algumas frases com verbos modais, que são verbos auxiliares com a possibilidade de desempenhar funções bem variadas.

Vamos reproduzir as frases dos diálogos e agrupá-las de acordo com suas funções:

» Pedido de permissão – can e may (can é mais informal do que may).
Can I leave my things in the safe?
(Posso deixar minhas coisas no cofre?)

May I see your passport, please?
(Posso ver seu passaporte, por favor?)

May I pay by credit card?
(Posso pagar com cartão de crédito?)

» Pedidos mais formais – could e would.

Could you tell me something?
(Você poderia me dizer algo?)

Well, could you please book the room for one week then?
(Bem, você poderia, por favor, reservar o quarto por uma semana então?)

Could I have a call in the morning, please?
(Poderia ser chamada pela manhã, por favor?)

Would you fill in this reservation form, please?
(O senhor poderia preencher este formulário de registro, por favor?)

Would you mind filling in this registration form?
(O senhor se importaria de preencher este formulário de registro?)

Fique de olho!

A palavra breakfast pode ser traduzida como café da manhã. Parece simples, não? Mas não é bem assim. Existem inúmeros tipos de breakfast ao redor do mundo. Na Tabela 2.4, colocamos os itens normalmente encontrados no continental breakfast e no English breakfast (este último também chamado de Full English breakfast).

Tabela 2.4 - Continental vs. English breakfast

Figura 2.4 - Continental breakfast. Figura 2.5 - English breakfast.

bread	pão	bacon	bacon
butter	manteiga	fried eggs	ovos fritos
coffee	café	beans	feijões
cold cuts	frios	sausage	linguiça
fresh fruit	frutas frescas	toast	torrada
jam	geleia	cheese	queijo
juice	suco	fresh fruit	frutas frescas
milk	leite	tea	chá
yogurt	iogurte	coffee	café

> **Amplie seus conhecimentos**
>
> CINEMA – No segundo diálogo deste capítulo, o filho do casal de irlandeses chama-se Declan, um nome bastante comum na Irlanda e também do personagem do filme "Leap year" (Ano Bissexto), cujo título em português é "Casa comigo?". No filme, a personagem Anna viaja a Dublin para pedir o namorado Jeremy em casamento, pois, segundo a tradição irlandesa, todo homem é obrigado a aceitar um pedido de casamento feito em 29 de fevereiro. Devido a contratempos na viagem, ela acaba pegando carona com Declan, que é o dono de um pequeno hotel. Vale conferir, tanto pela história em si, como pelas belas paisagens da Irlanda e por várias outras tradições e superstições citadas ao longo do filme.

Figura 2.6 - Leap year.

Vamos recapitular?

Neste capítulo, foram analisadas três situações diferentes da entrada de hóspedes em um hotel: hóspede com reserva, sem reserva e com um bebê, com reserva e que deseja ficar mais tempo no hotel. Estudamos diversas expressões de tempo bastante comuns, como dias da semana, meses, datas, tanto na forma escrita como falada, bem como as preposições aplicadas a estas situações. Também trabalhamos detalhadamente com as horas.

 Agora é com você!

1) Relacione as colunas. São perguntas e respostas que podem ocorrer durante o check-in.

1	How about the laundry service?	I'll stay till next Saturday.
2	Can I help you?	Yes, it's included in the price.
3	How long will you be staying here?	At seven o' clock.
4	Do you have a fitness center here?	We would like a room, please.
5	At what time?	It is available for a surcharge.

2) Escreva, em seu caderno, a maneira como cada uma das datas abaixo deve ser falada.

a) April 21 (Tiradentes Day)

b) May 01 (Labor Day)

c) September 7 (Independence Day)

d) October 12 (Lady of Aparecida)

e) November 1 (All Saints Day)

f) November 2 (All Souls Day)

g) November 15 (Republic Day)

h) November 20 (Black Consciousness Day)

i) December 25 (Christmas Day)

3) Escreva as horas a seguir por extenso. Há duas possibilidades.

   a) 3:25
   b) 6:48
   c) 1:01
   d) 1:58
   e) 4:14
   f) 7:58
   g) 9:04
   h) 10:36
   i) 8:29
   j) 2:09

4) Reescreva as frases em seu caderno, completando com as preposições IN, ON ou AT:

   a) Mr. Harris left the hotel _____ Monday.
   b) We will leave _____ Tuesday.
   c) They aren't going to travel _____ May.
   d) Many visitors came _____ October.
   e) Those businesspeople made their reservations _____ June 10.
   f) He paid _____ February 27. Here's the bill.
   g) The new restaurant was opened _____ 23 December 2011.
   h) This swimming pool was renewed _____ 2012.
   i) That group of tourists will come back _____ 2016.
   j) The new porter started _____ Wednesday.

3

Direções

Para começar

O objetivo deste capítulo é mostrar vários diálogos em que o hóspede pede informações de como chegar a diversos locais, tanto nos arredores quanto mais distantes. O hóspede poderá ir a pé ou por transporte público. Estudaremos verbos e preposições relacionados ao assunto. O vocabulário desenvolvido refere-se a lugares.

3.1 Perguntar o caminho e dar orientações (To ask for and to give directions)

Harald e Mari Haugnes vão ficar hospedados 12 dias em São Paulo. Eles chegaram na noite anterior e hoje pretendem dar uma volta na parte da manhã por São Paulo, pois à tarde Harald tem um encontro com alguns pesquisadores.

Apesar de toda a tecnologia existente em seus aparelhos celulares, eles resolvem pedir algumas orientações a Pedro, o porteiro do hotel. Eles pretendem ir ao Museu de Arte Moderna, que fica na Avenida Paulista.

Mari: Good morning. Could you tell me the way to Paulista Avenue, please? We want to visit the Art Museum.

Pedro: Good morning. Well, it is not far to walk. Go down this street, take the fourth right, then turn left at the second traffic light. You will see the museum on your right.

Harald: Oh, I think it's too hot to walk. Could you tell us how to get a bus to go there?

Pedro: Yes, it's just one block from here. Turn right outside the hotel and you will see the bus stop in front of the gas station. Your bus is number 875-A00.

Harald: Thank you!

Mari: Thank you!

Pedro: You're welcome.

No início do diálogo, Mari Haugnes usa a frase "Could you tell me the way to Paulista Avenue, please?" ("Você poderia me dizer o caminho para a Avenida Paulista, por favor?"). Veja outras variações para perguntar sobre o caminho para chegar a algum lugar:

- Excuse me. Could you tell me how to get to the airport, please?

  (Com licença. Por favor, você poderia me dizer como chegar ao aeroporto?)

- Which is the way to the nearest bank?

  (Qual o caminho para o banco mais próximo?)

- Excuse me. Could you tell me where the mall is?

  (Com licença. Poderia me dizer aonde fica o *shopping center*?)

- How can I get to República Square?

  (Como posso chegar à Praça da República?)

Para dar orientações quanto ao caminho, você precisa aprender algumas expressões, como:

- Take the first right/left.

  (Pegue a primeira rua à direita/esquerda.)

- Take the first street turning right/left.

  (Pegue a primeira rua virando à direita/esquerda.)

- Turn right/left at the lights/traffic lights.

  (Vire à direita/esquerda no farol/semáforo.)

- When you get to the square, turn right/left.

  (Quando você chegar à praça, vire à direita/esquerda.)

- At the traffic lights, go straight ahead/straight across!

  (No semáforo, siga em frente!)

- You must turn right/left and go straight ahead/straight across!

  (Você deve virar à direita/esquerda e seguir em frente!)

- » Go down the street to the end and turn right/left.

  (Desça a rua até o final e vire à direita/esquerda.)

- » Turn right/left at the roundabout.

  (Vire à direita/esquerda na rotatória.)

- » Take the second exit off the roundabout.

  (Pegue a segunda saída da rotatória.)

3.2 Imperativo (Imperative)

Relendo as frases utilizadas no item anterior para dar orientações quanto ao caminho, você poderá notar o uso do imperativo, que é um modo verbal formado pelo verbo no infinitivo sem a partícula "to". Na forma afirmativa, como nos exemplos, o verbo aparece no início da frase.

- » Turn right
- » Turn left
- » Go straight ahead
- » Go down

3.3 Must/could

Ao dar orientações, é possível também o uso do verbo auxiliar modal "must", como na oração "You must turn right/left", lembrando que o verbo principal deve estar sempre no infinitivo sem o "to". Veja outros exemplos:

You must go down this street and then turn left. (Você deve descer a rua e então virar à esquerda.)

You must take the second right. (Você deve pegar a segunda à direita.)

O verbo auxiliar "could" é usado para pedir um favor ou fazer pedidos em geral. Observe a frase: "Could you tell me the way to Paulista Avenue, please?" Nela, o verbo modal "could" é usado para perguntar o caminho a um certo lugar.

> **Fique de olho!**
>
> É preciso sempre perceber o contexto e o tom da conversa para empregar uma expressão adequadamente. Assim, no final do diálogo que analisamos, em resposta a "Thank you", aparece a expressão formal "You're welcome", equivalente ao nosso "De nada. Já "Don't mention it", "Don't worry about it", "Forget it", "Not at all" e "No problem" são equivalentes informais.

> **Amplie seus conhecimentos**
>
> Você conhece o Museu de Arte de São Paulo, o MASP? Veja a seguir informações sobre este importante museu paulistano. A primeira, em português, está no site do Museu, e a segunda, em inglês, foi extraída do site Trip Advisor (Figura 3.1):
>
> O MASP é considerado hoje o mais importante museu de arte do Hemisfério Sul, por possuir o mais rico e abrangente acervo. São cerca de 8.000 peças, em sua grande maioria de arte ocidental, desde o século IV a.C. aos dias de hoje.
>
> Museu de Arte de São Paulo – MASP – at Paulista Avenue (bus to Paulista Avenue or Subway green line). Modern art, perhaps the best collection in South America, impressionists and Brazilian contemporary artists. Gauguin, Van Gogh, Picasso, Degas, Portinari etc. Admission tickets: BRL 15,00. It has a very nice restaurant downstairs.

Figura 3.1 - Museu de Arte de São Paulo (MASP).

As Figuras 3.2 a 3.13 mostram algumas direções e alguns locais em inglês.

Figura 3.2 - Turn right.

Figura 3.3 - Turn left.

Figura 3.4 - Go straight ahead/across.

Figura 3.5 - T-junction.

Figura 3.6 - Roundabout.

Figura 3.7 - Fork.

Figura 3.8 - Airport.

Figura 3.9 - Newsstand.

Figura 3.10 - Gas station.

Figura 3.11 - Police station.

Figura 3.12 - Mall.

Figura 3.13 - Bus stop.

3.4 Preposições de lugar (Prepositions of place)

Ao indicar o caminho a alguém, você poderá precisar aplicar algumas preposições de lugar. Veja os exemplos a seguir:

The bank is in front of the mobile phone store. (O banco fica em frente à loja de telefones celulares.)

The bus stop is next to the library. (O ponto de ônibus fica ao lado da biblioteca.)

The subway station is behind the park. (A estação de metrô fica atrás do parque.)

The elementary school is next to the police station. (A escola de ensino fundamental fica ao lado da delegacia de polícia.)

You will see a supermarket between the church and the restaurant. (Você verá um supermercado entre a igreja e o restaurante.)

There is a pet shop near the hotel. (Há um pet shop perto do hotel.)

Exemplo

Que tal estudar mais um diálogo? Desta vez, um hóspede do hotel resolve ir a uma livraria e pede informações ao gerente do hotel.

General Manager: Good morning, Mr. Gordon. Are you enjoying your stay in São Paulo?

Mr. Gordon: Good morning. Yes, I appreciate this city a lot. By the way, could you tell me something? Is there a bookstore near here?

General Manager: Yes, there is a big bookstore nearby.

Mr. Gordon: How do I get there?

General Manager: At the end of the hotel street, turn left, then take the first right. It's on your left.

Mr. Gordon: Thank you.

General Manager: Don't mention it.

Agora, ordene as diferentes partes da conversa a seguir, usando os números entre parênteses.

(1) Yes, there is a drugstore two blocks from here.

(2) You're welcome.

(3) Thank you.

(4) Excuse me. Is there a drugstore near here?

Resposta: (4) (1) (3) (2)

Vamos recapitular?

Neste capítulo, você aprendeu como pedir informações para chegar a determinado lugar e também a fornecê-las. Estudou várias expressões relacionadas a direções, tais como "turn right", "turn left", "go straight ahead" e "go down". Conheceu algumas preposições como "near", "next to", "in front of", "between" e "behind", bem como os nomes de lugares comuns em uma grande cidade.

Agora é com você!

1) Pense em cinco lugares próximos e escreva frases instruindo como chegar até eles. Pode ser uma banca de jornal, um posto de gasolina, um cinema, uma determinada loja ou qualquer outro lugar que preferir. Tente utilizar expressões variadas para treinar o seu vocabulário (orações no imperativo e com "must" e "could").

2) Desenhe, em seu caderno, um mapa simples com algumas ruas e marque quatro locais públicos. Em seguida, troque seu desenho com um colega de classe e escreva como chegar aos lugares que ele desenhou.

3) Escreva, em seu caderno, as respostas mais apropriadas para cada uma das sentenças a seguir.

   a) Could you tell me _____ to get to Ibirapuera Park? (where/how)
   b) Excuse me, sir! _____ is the nearest subway station? (where/how)
   c) Turn left and you will see a bank _____ the flower store and the library. (between/under)
   d) Would you mind _____ me some directions, please? (give/giving)
   e) _____ you tell me the way to the bar? (Must/Could)
   f) You _____ take your right at the traffic lights. (must/could)
   g) _____ is the way to the nearest newsstand? (where/which)
   h) Take the second exit off the _____ (roundabout/fork)
   i) Yes, it's just one _____ from here. (turn/block)
   j) Could you tell me how to get a _____ to go there? (street/bus)

4) O turista Mr. Richard Bothmann está a passeio em São Paulo. Ele saiu para fazer compras e se perdeu, já deu várias voltas e não consegue encontrar o caminho para o hotel em que está hospedado. Ele liga então para o hotel e pede orientações. Leia o diálogo a seguir, consulte o mapa e verifique onde está Mr. Bothmann (pontos A, B, C ou D). Complete, em seu caderno, as lacunas.

   Mr. Bothmann: Hello! This is Mr. Bothmann. I am the guest staying at room 22. I'm lost. How can I get back to the hotel?

   Receptionist: Please sir, tell me your location so I can help you.

   Mr. Bothmann: I am on _____, in front of the _____.

   Receptionist: Sir, from where you are, walk straight ahead on First Avenue, then turn right on Main Road, and walk three blocks. The hotel is on the corner of Main Road with Saint Paul street.

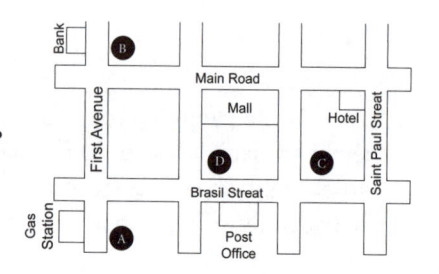

4

Unidades Habitacionais

Para começar

Este capítulo tem por objetivo mostrar como o profissional de hospedagem deve descrever os diversos tipos de unidades habitacionais dentro de um hotel: quarto de solteiro, quarto de casal, suíte etc., além dos móveis e objetos de cada um. Para isso, apresentamos os verbos "there to be" e "to have", e estudamos os grupos nominais.

4.1 Tipos de unidades habitacionais (Accomodation types)

Observe as Figuras 4.1 a 4.5:

Figura 4.1 - Single room.

Figura 4.2 - Double room.

Figura 4.3 - Suite.

Figura 4.4 - Penthouse suite.

Figura 4.5 - Executive room.

4.2 Objetos em um quarto (Objects in a room)

Observe as Figuras 4.6 a 4.20:

Figura 4.6 - Bath towel.

Figura 4.7 - Bathrobe.

Figura 4.8 - Bed.

Figura 4.9 - Bedside table.

Figura 4.10 - Blankets.

Figura 4.11 - Faucet/tub.

Figura 4.12 - Hair brush.

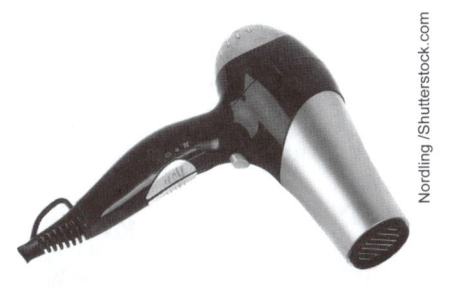

Figura 4.13 - Hair dryer.

Figura 4.14 - Hanger.

Figura 4.15 - Make-up mirror.

Figura 4.16 - Pillows and sheets.

Figura 4.17 - Soap.

Figura 4.18 - Table lamp.

Figura 4.19 - Toilet paper.

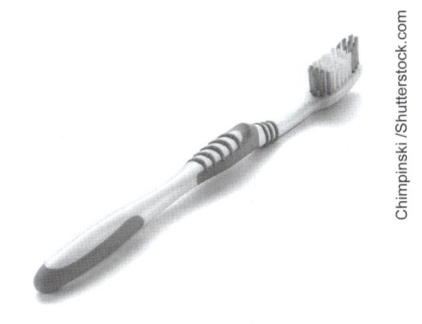

Figura 4.20 - Toothbrush.

Leia o diálogo que ocorreu no momento em que o funcionário do hotel levou a hóspede Mrs. Caroline Thompson ao seu quarto.

Daniel: Here we are, Mrs. Thompson. Room 41.

Mrs. Thompson: Thank you.

Daniel: The room is cleaned every day and the towels, pillowcases, and sheets are changed every two days.

Mrs. Thompson: What time does the cleaning start?

Daniel: It normally starts at 10:00 a.m.

Mrs. Thompson: Oh thank you, but today I don't want to be disturbed. I will have some rest.

Daniel: In this case you can put the "Do not disturb" sign on the doorknob.

Unidades Habitacionais

Mrs. Thompson: Oh yes…

Daniel: If you need anything, you can dial 0 for the reception.

Mrs. Thompson: Thank you very much. Here is your tip.

Figura 4.21 - "Do not disturb" sign.

4.3 There is/there are

Para descrever as unidades habitacionais, o mais comum é utilizarmos o verbo "there to be" (haver, existir), sendo que a forma para o singular é "there is" e para o plural, "there are".

Estude os exemplos:

There is a safe in the room. (Há um cofre no apartamento.)

There are three categories of luxury rooms in that hotel. (Há três categorias de quartos luxuosos naquele hotel.)

There are two single beds in that room. (Há duas camas de solteiro naquele quarto).

There is a sofa per suite. (Há um sofá por suíte)

There are two chairs in the single room. (Há duas cadeiras no quarto de solteiro.)

There is air conditioning in every room. (Há ar condicionado em todos os quartos.)

There is a spa-style bathroom. (Há um banheiro tipo spa.)

There are a lot of amenities in that room, such as air conditioning, a minibar, and an electric safe. (Há várias comodidades naquele quarto, como ar condicionado, um frigobar e um cofre eletrônico.)

4.4 Have/has

Para expressarmos o que cada quarto possui, empregamos o verbo "to have". Se o sujeito de nossa frase estiver no plural, usaremos "have", e no singular, emprega-se "has". Observe as frases:

Room 14 has a great view of the surroundings. (O quarto 14 tem uma ótima vista dos arredores.)

Room 27 has a quiet location. It also has a television, telephone, and safe. (O quarto 27 tem uma localização tranquila. Ele também tem uma televisão, um telefone e um cofre.)

All rooms have very functional layouts. (Todos os quartos têm layouts muito funcionais.)

The rooms on the third floor have luxury box-spring beds. They also have a modern shower. (Os quartos do terceiro andar têm camas box luxuosas. Eles também têm um chuveiro moderno.)

The single room has free high-speed wi-fi Internet connection, DVD player, and flat screen LCD TV. (O quarto de solteiro tem conexão wi-fi de Internet de alta velocidade grátis, aparelho de DVD e uma TV LCD de tela plana.)

The standard room has room telephone and a courtesy line. (O quarto padrão tem telefone e uma linha de cortesia.)

Some rooms have an exceptional view of the sea. (Alguns quartos têm uma vista extraordinária do mar.)

The most luxurious room in the hotel has a complete seating area with audiovisual equipment. (O quarto mais luxuoso do hotel tem uma área de estar completa com equipamento audiovisual.)

Many rooms also have a convenient workspace. (Muitos quartos também têm uma área de trabalho própria.)

The suite has a separate bedroom and sitting room. (A suíte tem quarto e área de estar separados.)

All rooms have complete entertainment systems. (Todos os quartos têm sistemas de entretenimento completos.)

4.5 Grupos nominais (Nominal groups)

É provável que você não saiba definir o que é um grupo nominal "nominal group" ou "noun phrase", mas com certeza já se deparou com vários deles.

Examine algumas expressões que apareceram neste capítulo:

- » complete entertainment systems;
- » quiet location;
- » audiovisual equipment;
- » luxury rooms;
- » convenient workspace;
- » single room;

- » great view;
- » free high-speed wi-fi internet connection;
- » flat screen LCD TV.

Em todas elas, destacamos os substantivos, que são os núcleos da expressão. É a partir destes núcleos que fazemos a tradução e a concordância com os adjetivos. Lembramos que os adjetivos em inglês são invariáveis, mas em português precisamos fazer a concordância adequadamente.

Veja como fica a tradução de cada expressão. O substantivo também está em destaque nas traduções:

- » complete entertainment systems – sistemas completos de entretenimento;
- » quiet location – localização tranquila;
- » audiovisual equipment – equipamento audiovisual;
- » luxury rooms – quartos luxuosos;
- » convenient workspace – espaço de trabalho próprio;
- » single room – quarto de solteiro;
- » great view – vista ótima;
- » free high-speed *wi-fi* Internet connection – conexão *wi-fi* com Internet de alta velocidade grátis;
- » flat screen LCD TV – TV LCD de tela plana.

O que podemos notar é que, em inglês, a ordem é: adjetivo (s) + substantivo. Já em português: substantivo + adjetivo (s). Em português, quando queremos dar ênfase, podemos usar a ordem inversa.

Provavelmente, você deve ter percebido que não é fácil traduzir expressões como "free high--speed wi-fi Internet connection", não porque desconheçamos as palavras, mas porque não costumamos colocar tantos adjetivos para um mesmo substantivo em português.

Leia mais um diálogo em que recepcionista e hóspede conversam a respeito do quarto do hotel:

Receptionist: This is your room, Mr. Parker. There is a king size bed, a large window with a great sight, a table, and a bathroom with a faucet.

Mr. Parker: I can't see any bath towels in here.

Receptionist: I am sorry. I will provide some.

Mr. Parker: OK.

Receptionist: This room also has high-speed wi-fi Internet connection, a flat screen LCD TV with remote control, a complete workspace, and a safe.

Mr. Parker: Good. What time is breakfast?

Receptionist: It's from 7 to 10 a.m.

Mr. Parker: Thank you.

Receptionist: If you need anything, just dial 0 for the reception area. Have a nice stay.

4.6 Números (Numbers)

O profissional de hospedagem precisa ter domínio básico dos números em inglês, sendo os ordinais para indicar os andares e os cardinais para mostrar os quartos.

Preste atenção a alguns exemplos com os números ordinais:

Her room is on the 6th floor. (O quarto dela fica no 6º andar.)

Could you show me the suite on the 22nd floor? (Você poderia me mostrar a suíte do 22º andar?)

Mr. Harris is asking for an extra pillow on the 3rd floor. (O Sr. Harris está pedindo um travesseiro extra no 3º andar.)

Sorry. I can't talk to you now. I must take these towels to a guest on the 31st floor. (Desculpe. Não posso conversar com você agora. Tenho que levar estas toalhas para um hóspede no 31º andar.)

Estude a Tabela 4.1, que apresenta uma lista com os números ordinais em inglês.

Tabela 4.1 - Ordinal numbers

1st	First	21st	Twenty-first
2nd	Second	22nd	Twenty-second
3rd	Third	23rd	Twenty-third
4th	Fourth	24th	Twenty-fourth
5th	Fifth	25th	Twenty-fifth
6th	Sixth	26th	Twenty-sixth
7th	Seventh	27th	Twenty-seventh
8th	Eighth	28th	Twenty-eighth
9th	Ninth	29th	Twenty-ninth
10th	Tenth	30th	Thirtieth
11th	Eleventh	31st	Thirty-first
12th	Twelfth	40th	Fortieth
13th	Thirteenth	50th	Fiftieth
14th	Fourteenth	60th	Sixtieth
15th	Fifteenth	70th	Seventieth
16th	Sixteenth	80th	Eightieth
17th	Seventeenth	90th	Ninetieth
18th	Eighteenth	100th	Hundredth
19th	Nineteenth	101st	A hundred and first
20th	Twentieth	200th	Two hundredth

Fique de olho!

Além dos números referentes aos andares, nos painéis dos elevadores podem aparecer as letras L e P. L indica lobby, ou o hall de entrada, e P indica parking lot, o estacionamento, como pode ser observado na Figura 4.22.

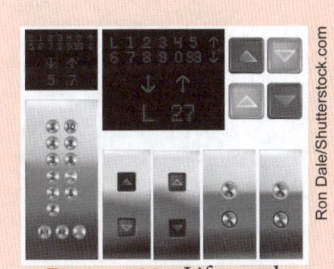

Figura 4.22 - Lift panel.

> **Amplie seus conhecimentos**
>
> Você com certeza, já deve ter ouvido falar no Guinness Book, uma publicação anual que apresenta recordes de todos os tipos. Um destes é o registro do hotel mais alto do mundo, o JW Marriott Marquis Hotel Dubai. O prédio tem 355,35 m do chão ao mastro, sendo duas torres com 77 andares totalmente ocupados pelo hotel. São 806 quartos. A primeira torre foi inaugurada em 2012 e a segunda tem previsão de abertura para 2015 (Figura 4.23). Essas e mais informações estão disponíveis no site:
>
> Figura 4.23 - JW Marriott Marquis Hotel Dubai.
>
> <http://www.guinnessworldrecords.com/world-records/1/tallest-hotel> (acesso em 08 abr. 2014).

Exemplo

Outra maneira de descrever um hotel é pelo número de estrelas. Podemos falar tanto dos quartos como dos hotéis usando as estrelas, como nos exemplos a seguir:

This three-star room has a sofa, a flat-screen TV, and a fridge.

(Este quarto três estrelas tem um sofá, uma TV de tela plana e uma geladeira.)

Five-star hotels normally offer luxurious spas.

(Hotéis cinco estrelas normalmente oferecem spas luxuosos.)

This four-star accommodation unit comes with air conditioning and free wi-fi.

(Esta acomodação quatro estrelas vem com ar condicionado e wi-fi gratuito.)

O que deve ser observado em tais exemplos é que o número de estrelas funciona como um adjetivo para o termo que vem na sequência, e, como os adjetivos em inglês são invariáveis, ou seja, têm a mesma forma para o singular e o plural, eles não se flexionam (Tabela 4.2).

Tabela 4.2 - Grupos nominais.

Adjetivo	Substantivo
Three-star	room
Five-star	hotels
Four-star	accommodation

Vamos recapitular?

Este capítulo apresentou vocabulário relacionado a acomodações. Começamos pelos diferentes tipos de quartos e passamos pelos objetos presentes nas unidades. Analisamos os verbos utilizados nas descrições "there to be" e "to have" e também abordamos os números ordinais, que são utilizados para indicar os andares. Além disso, estudamos os grupos nominais, que são expressões formadas por um ou mais adjetivos seguidos por um substantivo, e que são bastante comuns na língua inglesa.

Agora é com você!

1) Escreva em inglês, em seu caderno:

   a) A suíte deles fica no 18º andar.

   b) A Sra. Keaton está pedindo um secador de cabelos no 7º andar.

   c) Muitos quartos têm área de trabalho própria.

   d) Os quartos mais luxuosos têm equipamentos audiovisuais modernos.

   e) Os quartos do 1º andar têm uma ótima vista do parque.

   f) O quarto 74 tem uma localização muito tranquila.

   g) Todos os quartos têm ar condicionado.

   h) Há cinco tipos de quartos naquele hotel.

   i) O hóspede não quer ser perturbado.

   j) Por favor, preciso de toalhas limpas.

2) Em seu caderno, descreva os quartos ilustrados a seguir. Use os verbos "there to be" e "to have":

3) Escreva um diálogo entre duas pessoas que se encontram em uma feira de negócios, cada uma hospedada em um hotel diferente. Elas falarão, entre outras coisas, a respeito de suas acomodações nos hotéis, contando suas características positivas.

5

Tipos de Diárias e Comodidades

Para começar

Este capítulo aborda as diferentes diárias disponíveis em um hotel. Elas variam de acordo com o tempo de hospedagem, o tipo de serviço e as refeições disponíveis. O profissional do hotel deverá explicar as características de cada uma ao hóspede ou ao turista.

5.1 Comodidades (Amenities)

Amenity é uma palavra bastante comum quando o assunto é hospedagem e, normalmente, é usada em sua forma plural. Ao procurar pelo termo *amenity* no Oxford Online Dictionary (2014), encontramos: "a desirable or useful feature or facility of a building or place; noun (plural amenities)".

Em outras palavras, *amenities* são características desejáveis ou úteis ou as comodidades de um edifício ou lugar. No caso de um hotel, referem-se principalmente às instalações, aos serviços e aos equipamentos.

As *amenities* ("comodidades") são elementos-chave ao se falar em *rates* (taxas ou tarifas). A seguir, listamos diversas perguntas e pedidos que um hóspede poderá fazer quanto a preços e serviços. Repare que o leque de possibilidades é bem vasto.

» What's the price per night? (Qual o preço por noite?)
» How much is the Premium suite per night? (Qual o valor da suíte Premium por noite?)
» How much is full board? (Qual o valor da pensão completa?)

- How much is the rate with breakfast only? (Qual a tarifa do quarto somente com café da manhã?)
- What is the price of a room without meals? (Qual o preço do quarto sem refeições?)
- What's the basic price? (Qual o preço-base?)
- Are meals included? (As refeições estão inclusas?)
- Is breakfast included? (O café da manhã está incluso?)
- What time is breakfast/lunch/dinner? (Qual o horário do café da manhã/almoço/jantar?)
- When is breakfast/lunch/dinner served? (Quando o café da manhã/almoço/jantar é servido?)
- Is there any price reduction for children? (Há descontos para crianças?)
- What is the weekly rate? (Qual a tarifa por semana?)
- Do you have anything cheaper? (Vocês têm algo mais barato?)
- Is there air-conditioning system in the room? (Há sistema de ar condicionado no quarto?)
- Is there in-room workstation? (Há estação de trabalho no quarto?)
- Is there a CD/DVD player available? (Há um aparelho de CD/DVD disponível?)
- Can I have this dress dry-cleaned? (Posso ter este vestido lavado a seco?)
- Is my laundry ready? (Minhas roupas estão prontas?)
- Do you have a garage? (Vocês têm estacionamento?)
- I'd like to keep this bracelet in your safe, please. (Eu gostaria de guardar este bracelete no cofre, por favor.)
- Have you got a larger room? (Vocês têm um quarto maior?)
- Could you please iron these trousers? (Vocês poderiam, por favor, passar esta calça?)
- Is there a fitness room here? (Há uma academia aqui?)
- Are dogs allowed in this hotel? (Vocês permitem cães neste hotel?)
- Do you serve vegetarian food? (Vocês servem comida vegetariana?)
- I'm on a diet. Do you have anything special for me? (Estou de dieta. Vocês têm algo diferenciado para mim?)
- Are there slippers in the room? (Há chinelos no quarto?)

5.2 Palavras interrogativas (Interrogative words)

Nos exemplos mostrados anteriormente, apareceram algumas palavras interrogativas, como *What, What time, When* e *How much*. Também chamadas de *question words*, são usadas para fazer perguntas. Na Tabela 5.1 você poderá estudar uma lista mais completa destas palavras e expressões.

Tabela 5.1 - Interrogative words

How	Como
How big/large	Qual o tamanho
How deep	Qual a profundidade
How far	Qual a distância
How high	Qual a altura (para coisas)
How long	Qual o comprimento, quanto tempo
How many	Quantos(as)
How much	Quanto(a), quanto custa (perguntas referentes a quantidades e preço)
How often	Com que frequência, quantas vezes
How old	Qual a idade, quantos anos
How tall	Qual a altura (para pessoas)
How wide	Qual a largura
What	O que, qual
What time	Que horas
When	Quando
Where	Onde, aonde
Which	Qual (indicando escolha)
Who	Quem
Whose	De quem
Why	Por que

5.3 Tipos de tarifas (Types of rates)

- **Rack rate:** diária para clientes que solicitam uma acomodação para o mesmo dia, sem prévio agendamento.
- **Corporate or commercial rate:** diária oferecida a empresas que têm negócios com o hotel.
- **Group rate:** diária oferecida a grupos, reuniões e convenções que usam o hotel.
- **Promotional rate:** tarifa oferecida durante a baixa temporada para atrair hóspedes.
- **Family rate:** tarifa para famílias com crianças.
- **Complimentary rate:** acomodação oferecida com tarifa zero a convidados especiais, líderes de indústrias, governantes, entre outros.

5.4 Baixa temporada e alta temporada (Low season and high season)

Que tal aprender mais algumas expressões em inglês?

Baixa temporada = Low season ou off-peak season

Alta temporada = High season ou peak season

A época do ano em que nos hospedamos em determinado hotel está diretamente ligada ao valor da diária. Na baixa temporada (low/off-peak season), há uma procura menor por acomodações e como consequência um volume menor de negócios para os hotéis, o que conduz a valores mais baixos de diárias como uma estratégia para atrair hóspedes. Já na alta temporada (high/peak season), a procura é maior e os preços das diárias se tornam mais elevados.

A seguir, você encontra algumas frases relacionadas a este assunto:

During the low season a standard room costs R$ 48 per day and during the high season it costs R$ 54. (Durante a baixa temporada, um quarto padrão custa R$ 48 por dia e, durante a alta temporada, custa R$ 54.)

We must remember to verify if there are special low season discounts available. (Temos que nos lembrar de verificar se há descontos especiais disponíveis para a baixa temporada.)

Low season packages must be booked at least three weeks in advance. (Os pacotes de baixa temporada devem ser reservados pelo menos com três semanas de antecedência.)

It is recommended to book in advance during high season. (É recomendado agendar com antecedência durante a alta temporada.)

All hotels receive many tourists in the high season. (Todos os hotéis recebem muitos turistas na alta temporada.)

The best about visiting a country during the low season is that you can see the country the way it really is. (O melhor de visitar um país durante a baixa temporada é que você pode ver o país do jeito que ele realmente é.)

Our hotel offers special prices during low season in every kind of accommodation. (Nosso hotel oferece preços especiais durante a baixa temporada em todo tipo de acomodação.)

Travelling in groups during the low season is very cheap. (Viajar em grupos na baixa temporada é muito barato.)

In Brazil it is high season during the summer. (No Brasil, é alta temporada durante o verão.)

In winter , prices are lower because it is off-peak season. (No inverno, os preços são mais baixos porque é baixa temporada.)

Make your reservation as soon as possible. It is almost high season. (Faça a sua reserva o quanto antes. É quase alta temporada.)

There are many beach destinations that attract many tourists in high season. (Há muitos destinos na praia que atraem diversos turistas na alta temporada.)

Fique de olho!

How many x How much

A expressão "how many" é usada quando o substantivo a que nos referimos é algo contável (1, 2, 3 etc). Na Figura 5.1, "how many" refere-se a "towels", que é um substantivo plural e que podemos contar.

Já a expressão how much é usada quando o substantivo a que nos referimos é algo incontável, ou seja, não pode ser representado por um número. Na Figura 5.2, "how much" refere-se a "sugar", que é um substantivo singular e que precisa de alguma unidade (xícara, colher etc.) para ser contado.

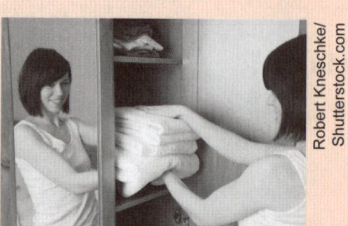

Figura 5.1 - How many towels are there in the wardrobe? (Há quantas toalhas no guarda-roupas?)

Figura 5.2 - How much sugar do you want in your tea, sir? (Quanto açúcar o senhor quer no seu chá, senhor?)

> **Amplie seus conhecimentos**
>
> **Índice de ocupação em um hotel (Hotel occupancy rates) – Como calcular?**
>
> Para quem acha que não existe nenhuma ligação entre hospedagem e matemática, esta última é usada para calcular o índice de ocupação em um hotel. Como? Temos que dividir o número de quartos ocupados pelo número total de quartos disponíveis e multiplicar o resultado por 100. Então, obtemos a porcentagem de ocupação.
>
> Por exemplo, vamos calcular a porcentagem de ocupação do hotel JW Marriott Marquis Hotel Dubai, que possui 806 quartos disponíveis. Digamos que estejam ocupados 467 quartos, portanto:
>
> $$467 / 806 \times 100$$
> $$0{,}5794 \times 100 = 57{,}94$$
>
> 57,94 é então o índice de ocupação do hotel.
>
> Em inglês, temos o seguinte:
>
> Percentage of occupancy = (total number of rooms sold / total number of rooms available in the hotel) x 100.
>
> Fonte: Ask.com (2014).

Exemplo

Nomeie em inglês as diferentes tarifas relacionadas a seguir:

Acomodação oferecida com tarifa zero a convidados especiais, líderes de indústrias, governantes, entre outros.

» Tarifa oferecida durante a baixa temporada para atrair hóspedes.
» Tarifa para famílias com crianças.
» Diária oferecida a empresas que têm negócios com o hotel.
» Diária oferecida a grupos, reuniões e convenções que usam o hotel.
» Diária para clientes que solicitam uma acomodação para o mesmo dia, sem agendamento prévio.

Vamos recapitular?

Neste capítulo, listamos as principais tarifas praticadas pelos hotéis, falamos sobre os elementos que podem interferir nelas, como as comodidades oferecidas pelos hotéis e a época do ano em que a hospedagem ocorre (low and high seasons). Sentenças das mais variadas foram apresentadas e traduzidas. Estudamos ainda palavras e expressões interrogativas que podem ser usadas ao se perguntar sobre tarifas, serviços e refeições.

Agora é com você!

1) Crossword (Palavras cruzadas)

Complete com as palavras ligadas a amenities, cujas traduções estão a seguir.

1 = pensão completa; 2 = refeições; 3 = garagem; 4 = descontos; 5 = estação de trabalho; 6 = tarifas; 7 = ar condicionado; 8 = serviços; 9 = café da manhã

```
1 _ _ _ _ _ _ A _ _ _
2 _ _ _ _ _ M _ _ _
3 _ _ _ E _ _
4 _ _ _ _ _ N _ _
5 _ _ _ _ I _
6 _ T
7 _ _ _ _ _ I _ _ _ _ _
8 _ E _ _
9 _ _ _ _ _ S
```

2) Em seu caderno, reescreva as frases, completando as lacunas com as palavras do quadro:

> allowed – cheaper – senior – high season – low season – rate – reduction – reservation – tourists – weekly

a) In Brazil it is _____ during the summer.
b) Make your _____ as soon as possible.
c) Travelling in groups at the _____ is very cheap.
d) Is there any price _____ for children?
e) How much is the _____ with breakfast only?
f) Do you have anything _____?
g) What is the _____ rate?
h) Are dogs _____ in this hotel?
i) _____ tourists like to travel in the low season.
j) All hotels receive many _____ in the high season.

3) Reescreva as perguntas, em seu caderno, completando com HOW MANY e HOW MUCH:

a) _____ tea do you want?
b) _____ beds does this room have?
c) _____ Italian tourists are visiting us?
d) _____ amenities must a good hotel have?
e) _____ sugar do you take in your coffee?
f) _____ countries do you know?
g) _____ work do you have to do?
h) _____ sleep do you need every night?
i) _____ lodgers are in the reception area now?
j) _____ progress are you making?

6

Atendimento Telefônico

Para começar

Este capítulo fala sobre o atendimento às ligações telefônicas de clientes externos (hóspedes em potencial) e internos (hóspedes). Os clientes externos podem pedir informações sobre preços, acomodações e instalações do hotel. No caso dos internos, estes podem ligar para solicitar algum serviço, como de camareira, limpeza ou lavanderia, ou para fazer alguma reclamação. Há também a situação em que o hóspede pede para ser acordado.

Abordaremos os pronomes pessoais (subject e object pronouns) e os adjetivos possessivos. Também estudaremos as nacionalidades.

Dizem que a primeira impressão é a que fica, e no mundo dos negócios isso não é diferente. Nenhuma empresa pode se dar ao luxo de não causar uma boa impressão a um potencial cliente. Muitas vezes, o primeiro contato é realizado pelo telefone. Assim, toda equipe de atendimento do hotel precisa estar consciente da importância desse momento e se preparar para tal.

Seguem algumas orientações para uma boa conversa telefônica em inglês, tanto a clientes externos como internos.

6.1 Atendimento a clientes externos (Helping external clients)

Pense em um hotel fictício, o "International Hotel". O telefone toca, o operador atende e pode dizer as seguintes sentenças:

» Thank you for calling the International Hotel. How may I help you? (Obrigado por ligar para o "International Hotel". Como posso ajudá-lo(a)?)

» Thank you for calling the International Hotel. My name is Thomas. How may I assist you? (Obrigado por ligar para o "International Hotel". Meu nome é Thomas. Como posso ajudá-lo(a)?)

» Good evening. International Hotel. How may I help you? (Boa noite. "International Hotel". Como posso ajudá-lo(a)?)

» Hi, International Hotel. This is Erick. How may I assist you? (Alô, "International Hotel". Erick falando. Como posso ajudá-lo(a)?)

» Thanks for calling the International Hotel. This is Helen speaking. How may I assist you? (Obrigada por ligar para o "International Hotel". Helen falando. Como posso ajudá-lo(a)?)

O hóspede em potencial pode pedir para ser transferido para algum setor específico do hotel:

» I need to talk to someone from the reservation/front desk/coffee shop/restaurant. (Eu preciso falar com alguém do setor de reservas/da recepção/do café/do restaurante.)

» Please, connect me to the reservation/front desk/coffee shop/restaurant. (Por favor, ligue-me com o setor de reservas/recepção/café/restaurante.)

» Can I speak to someone from the reservation/front desk/coffee shop/restaurant? (Posso falar com alguém do setor de reservas/recepção/café/restaurante?)

» I would like to talk to the reservation/front desk/coffee shop/restaurant, please. (Eu gostaria de falar com o setor de reservas/recepção/café/restaurante.)

Figura 6.1 - Front desk.

Antes de transferir a ligação, o atendente pode dizer:

» Connecting your call. (Transferindo a sua ligação.)
» Certainly. I will connect your call. (Claro. Vou transferir a sua ligação.)
» Transferring the call/your call to the reservation/front desk/coffee shop/restaurant. (Transferindo a ligação/a sua ligação para o setor de reservas/ recepção/café/restaurante.)
» Please hold while I connect you. (Por favor, aguarde na linha enquanto eu transfiro a ligação.)
» Allow me to transfer the call. (Permita-me transferir a ligação.)

Ao ser transferido para a recepção, poderá ocorrer um diálogo semelhante a este:

Reservation: Welcome to the "International Hotel". Richardson speaking. How may I help you?

Mr. Wood: I'd like to book a room, please.

Reservation: Would you prefer a single or a double room?

Mr. Wood: A single room, please. How much is that?

Reservation: It's R$ 115,00 a night. How long will you be staying?

Mr. Wood: Three nights, starting on March 15th.

Reservation: That's right. It will be R$ 345. May I have your name, please?

Mr. Wood: My name is Wood. Liam Wood.

Reservation: That's right, Mr. Wood. A single room for three nights. May I have your credit card number?

Mr. Wood: Sure. It's a Mundiale, number 9999 9999 9999 9999.

Reservation: It will only be charged when you check in at the hotel.

Mr. Wood: Thank you very much.

Reservation: You're welcome.

Caso o cliente tenha pedido para entrar em contato com o restaurante, há outra possibilidade de diálogo.

Restaurant: International Hotel Restaurant. Nicholas speaking. How can I help you?

Mr. Wood: Please, I would like to have some information about this restaurant. I have a reservation for three days.

Restaurant: Certainly, sir. Our restaurant is on the 2nd floor of the hotel and our cafe is opposite the lobby.

Mr. Wood: What time does the restaurant close?

Restaurant: The restaurant closes at 11 p.m.

Mr. Wood: What about a bar? Do you have one?

Restaurant: We have a bar on the 1st floor.

Mr. Wood: What time does the bar open?

Restaurant: It opens at 6 p.m.

Mr. Wood: Please, one more question. Do you have Thai food?

Restaurant: Yes sir, we have some Thai dishes. One of the most popular here is the fried jasmine rice with shrimp.

Mr. Wood: Oh, great. Thank you for your information.

Restaurant: My pleasure.

Mr. Wood: Good bye.

Restaurant: Good bye.

Figura 6.2 - Thai food.

6.2 Atendimento a clientes internos (Helping internal clients)

Com clientes internos (aqueles que já se encontram adequadamente registrados e instalados), há algumas possíveis situações. O hóspede pode solicitar objetos ou serviços por telefone, pode pedir para ser acordado ou pode ainda ligar para fazer uma reclamação. O atendente precisa estar preparado para lidar com estas ligações.

6.2.1 Pedidos à recepção (Requests to the front desk)

Um hóspede pede algum objeto ou que algo seja trocado no quarto, ou ainda algum serviço de limpeza ou lavanderia. Vamos ler um pequeno diálogo?

Operator: Front desk. Mary speaking. How can I help you?

Mr. Scott: Hello. This is Mr. Scott from room 248. I need clean pillowcases.

Operator: Right away, sir. I will send them. Is there anything else I can do for you?

Mr. Scott: No, thanks. That's all.

Em vez de pedir fronhas limpas (I need clean pillowcases.), o hóspede poderia solicitar outras coisas. Vamos ver as possibilidades?

- » May I have an extra blanket? (Pode me arrumar um cobertor extra?)
- » Could someone bring me soap? (Alguém poderia me trazer um sabonete?)
- » Can I have my lunch served in the room? (Posso ter meu almoço servido no quarto?)
- » Could someone change the bedclothes? (Alguém poderia trocar a roupa de cama?)
- » I need my suit ironed for tomorrow. (Preciso do meu paletó passado para amanhã.)
- » Could you please get me a taxi? (Você poderia, por favor, chamar um táxi para mim?)
- » Please, I need a babysitter tonight. (Por favor, preciso de uma babá esta noite.)

Figura 6.3 - Operator.

6.2.2 O hóspede pede para ser acordado (Guest asks for a wake-up call)

O hóspede pode dizer:

» Could you wake me up tomorrow at 6 o' clock? (Vocês poderiam me acordar amanhã às seis horas?)

» Will you wake me at 6 o''clock, please? (Você me acorda às seis horas, por favor?)

» May I be woken up at 6 o' clock? (Posso ser acordado(a) às seis horas?)

» Could I get a wake-up call for 6 o' clock? (Posso ser acordado(a) às seis horas?)

O atendente pode responder:

» Certainly. Tomorrow at 6 o' clock you will be woken up. (Claro. Amanhã às seis horas o(a) senhor(a) será acordado(a).)

» Sure. We will wake you up tomorrow. (Claro. Nós o(a) acordaremos amanhã.)

» No problem, sir. Wake-up call for 6 o' clock. (Sem problemas, senhor. Chamada para acordar às seis horas.)

No dia seguinte, a pessoa que fizer a ligação para o hóspede poderá dizer:

» Good morning. It's six o' clock. It's your wake-up time. Have a good day. (Bom dia. São seis horas. É hora de acordar. Tenha um bom dia.)

» Good morning, Mr. Gerald. This is your wake-up time. Have a nice day. (Bom dia, Sr. Gerald. É a sua hora de acordar. Tenha um bom dia.)

6.2.3 O hóspede liga para reclamar de algo (Guest calls to complain)

Estude algumas possibilidades:

» The air conditioning is not working.
(O ar condicionado não está funcionando.)

» Can you repair the tap, please? It's dripping.
(Vocês podem consertar a torneira? Está pingando.)

» The room is dirty. Please, send someone to clean it right now.
(O quarto está sujo. Por favor, mande alguém para limpá-lo imediatamente.)

» A person in the other room is making so much noise. I need silence.
(Uma pessoa do outro quarto está fazendo muito barulho. Preciso de silêncio.)

» Your restaurant prices are the highest of the region. I want a discount.
(Os preços do seu restaurante são os mais altos da região. Quero um desconto.)

» My laundry is not ready. I need my clothes.
(Minha roupa lavada não está pronta. Preciso das minhas roupas.)

- » Please, I need a room with a better view. I don't like this one.

   (Por favor, preciso de um quarto com uma vista melhor. Não gostei desta).

- » I asked for a crib during my check-in and there isn't one here.

   (Solicitei um berço durante o check-in, porém não há um aqui.)

- » There was a hair in my pasta. It is disgusting.

   (Tinha um cabelo no meu macarrão. Isso é nojento.)

- » Could you please send someone from the housekeeping service?

   (Você poderia mandar alguém do serviço de governança, por favor?)

- » The room is freezing. The heating isn't working.

   (O quarto está congelando. O aquecimento não está funcionando.)

- » I'm so disappointed. The suite is smaller than I thought.

   (Estou tão decepcionada. A suíte é menor do que eu imaginava.)

- » Can you send a maintenance person here? The washbasin is blocked.

   (Você pode mandar uma pessoa da manutenção aqui? A pia está entupida.)

6.3 Pronomes pessoais (Personal pronouns)

Vamos estudar as frases a seguir?

- » How may I help *you*?

   (Como posso ajudá-lo(a)?)

- » Could you wake *me* up tomorrow at 6 o' clock?

   (Você poderia me acordar amanhã às seis horas?)

- » Could you please get *me* a taxi?

   (Você poderia chamar um táxi para mim, por favor?)

- » I will send *them*.

   (Vou enviá-los(as).)

- » Room 27 has a quiet location. It also has a television, a telephone, and a safe.

   (O quarto 27 tem uma localização tranquila. Ele também tem uma televisão, um telefone e um cofre.)

Deixamos em destaque os pronomes pessoais com função de sujeito (*subject pronouns*) e em itálico e sublinhados aqueles com função de objeto (*object pronouns*). O que isso significa? Quando o termo da oração que queremos substituir em uma oração tem a função de sujeito, devemos usar os *subject pronouns* e quando ele tiver a função de objeto direto ou indireto, devemos usar os *object pronouns*. Para entender melhor, vamos observar a Tabela 6.1.

Tabela 6.1 - Personal pronouns

Subject pronouns	Object pronouns
I	Me
You	You
He	Him
She	Her
It	It
We	Us
You	You
They	Them

6.4 Adjetivos possessivos (Possessive adjectives)

Vamos estudar mais algumas frases?

» Is my laundry ready?
(A minha roupa está pronta?)

» Our hotel offers special prices during low season.
(Nosso hotel oferece preços especiais durante a baixa temporada.)

» How much sugar do you want in your tea, sir?
(Quanto de açúcar o senhor quer no chá, senhor?)

» Can I leave my things in the safe?
(Posso deixar as minhas coisas no cofre?)

» I need to know his name.
(Eu preciso saber o nome dele.)

Estão em destaque os adjetivos possessivos (possessive adjectives), que mostram quem possui alguma coisa. Eles precedem o substantivo e atribuem uma característica a ele (my laundry/our hotel/your tea/my things/his name). Observe a Tabela 6.2 que apresenta todos eles.

Tabela 6.2 - Possessive adjectives

Possessive adjectives
My
Your
His
Her
Its
Our
Your
Their

6.5 Nacionalidades (Nationalities)

Em um trecho de um diálogo deste capítulo, a expressão "Thai food" (comida tailandesa) foi citada. "Thai" é um adjetivo que se refere a um país (Thailand – Tailândia) e também à nacionalidade das pessoas lá nascidas. Você conhece outras nacionalidades em inglês? Confira na Tabela 6.3 25 nações e seus adjetivos correspondentes. Lembre-se que as nacionalidades devem ser sempre grafadas com a inicial maiúscula. Pense também na importância deste conhecimento em um mundo globalizado, em que as pessoas viajam de um país para o outro o tempo todo.

Tabela 6.3 - Nationalities

Country	Adjective/nationality
Argentina	Argentinian
Australia	Australian
Belgium	Belgian
Brazil	Brazilian
Britain	British
China	Chinese
Cuba	Cuban
England	English
France	French
Greece	Greek
Holland (Netherlands)	Dutch
India	Indian
Ireland	Irish
Japan	Japanese
Norway	Norwegian
Paraguay	Paraguayan
Poland	Polish
Portugal	Portuguese
Russia	Russian
Scotland	Scottish
Spain	Spanish
Sweden	Swedish
Switzerland	Swiss
United States of America	American
Vietnam	Vietnamese

Fique de olho!

Há orações em que os verbos pedem dois objetos, um direto e um indireto. O objeto indireto pode ser expresso com ou sem preposição.

» Com preposição, o objeto indireto vem após o objeto direto.

"The receptionist sent an e-mail to me." (A recepcionista enviou um e-mail a mim.)

» Sem preposição, o objeto indireto vem logo após o verbo.

"The receptionist sent me an e-mail. (A recepcionista enviou-me um e-mail.)

Amplie seus conhecimentos

Alexander Graham Bell, inventor escocês nascido em 03 de março de 1847, em Edimburgo, na Escócia, é considerado o inventor do telefone (o pedido de patente foi entregue em 14 de fevereiro de 1876). Se foi ele realmente ou não, o que importa é que a invenção em si mudou totalmente a maneira como nos comunicamos. É impossível pensar em um mundo sem telefone e, principalmente, sem o telefone celular, que ainda está em constante transformação.

Figura 6.4 - Selo comemorativo do centenário do telefone, 1976 (telephone centennial stamp).

Porém, nem só de telefone vive a comunicação mundial. Inúmeros são os aparatos tecnológicos disponíveis no mercado. Na hotelaria, isso também não poderia ser diferente. Os tours virtuais (virtual tours) são ferramentas valiosas para o turista decidir em qual hotel irá se hospedar. Atualmente, grandes empresas da Internet investem na criação de tours virtuais para diversos ramos, entre eles, o hoteleiro. São viagens interativas de 360 graus, em que os clientes podem caminhar, explorar e interagir mesmo antes de estarem no local.

Figura 6.5 - Botão de tour virtual (virtual tour button).

Exemplos

Além das frases mostradas nos diálogos deste capítulo, há outras úteis:

- Please, hold on the line.
(Por favor, aguarde na linha.)

- The line is busy.
(A linha está ocupada.)

- Try later, please.
(Tente mais tarde, por favor.)

- I've been cut off.
(A ligação/chamada caiu.)

- Please don't hang up.
(Por favor, não desligue.)

- Thanks for calling.
(Obrigado por ligar.)

- The call is on hold.
(A chamada está em espera.)

Que tal estudar estes verbos também?

- Atender ao telefone: to answer the telephone/to answer the phone.
- Fazer uma ligação: to make a call.
- Ligar (chamar): to call.
- Desligar o telefone: to hang up the telephone/to hang up the phone.

Vamos recapitular?

Este capítulo abordou o atendimento telefônico a hóspedes em potencial e àqueles já instalados. Foram mostradas várias situações com as quais o operador poderá se deparar em seu dia a dia. É importante observar que a boa educação e a formalidade são fundamentais neste tipo de trabalho. Há um número muito grande de expressões com que o atendente ou outro funcionário do hotel precisa se familiarizar para fornecer um bom atendimento. Além disso, conhecer bem o hotel em que trabalha para oferecer informações corretas é primordial.

Agora é com você!

1) Em seu caderno, reescreva as frases a seguir, substituindo os termos em destaque por pronomes (subject ou object pronouns), observando sua função na frase:

   a) Can I leave my jewels in the safe?

   b) How do you spell your name, please?

   c) Debora and Juliana are the chambermaids in the hotel.

   d) Bernardo is the bellboy.

   e) Your bus is number 1719-X.

   f) The room is cleaned every day.

   g) The pillowcases and sheets are changed every two days.

   h) All rooms have very functional layouts.

   i) The most luxurious room in the hotel has a complete seating area with audiovisual equipment.

   j) The receptionist Anne and the operator Daniel are not working today.

2) Reescreva as orações a seguir, em seu caderno, completando com adjetivos possessivos (possessive adjectives). Observe o possuidor:

   a) This bag belongs to me. This is _____ bag.

   b) Those passports belong to them. Those are _____ passports.

   c) This identity document belongs to Ms. Harris. This is _____ ID.

   d) These keys belong to Mr. Simpson. These are _____ keys.

   e) That dress belongs to the lady in room 56. That is _____ dress.

   f) These towels belong to suite 236. These are _____ towels.

   g) That money belongs to Miss Green. This is _____ money.

   h) This newspaper belongs to those tourists. This is _____ newspaper.

i) This hotel folder belongs to you. This is _____ folder.

j) These suitcases belong to me. These are _____ suitcases.

3) Em seu caderno, escreva as frases a seguir na ordem correta:

( ) Can I speak to someone from the front desk?

( ) Transferring your call to the front desk.

( ) Thank you for calling Mundial Hotel. My name is Henry. How may I assist you?

4) Outra maneira de dizer "Connecting your call." é:

a) How may I help you?

b) Please, hold on the line while I connect you.

c) Can I speak to someone from the reservation desk?

d) I would like to talk to the reservation desk.

5) Escreva em inglês as frases a seguir:

a) Obrigado pela sua informação.

b) Preciso falar com alguém do restaurante.

c) Desculpe, eu preciso atender o telefone.

d) Oh, a ligação caiu.

e) Havia um cabelo no meu arroz.

f) Você poderia, por favor, me arrumar um táxi?

g) São oito horas. Sua hora de levantar.

h) Transferindo a sua ligação.

i) Vocês têm comida chinesa?

j) A que horas o restaurante abre?

6) Reescreva as frases a seguir em seu caderno, completando com o adjetivo referente aos países/nacionalidades:

a) Steven is from Norway. He is _____.

b) My cousins were born in Greece. They are _____.

c) The new guests are from Scotland. They're _____.

d) I appreciate dishes from France. In other words, I love _____food.

e) Dr. Harris is from Switzerland. He is _____.

7

Anotação e Transmissão de Mensagens

Para começar

Neste capítulo, apresentaremos vários exemplos de anotação e transmissão de mensagens. Há a situação em que o funcionário do hotel recebe e anota recados telefônicos direcionados aos hóspedes. O telefone do quarto pode estar ocupado ou o hóspede pode estar em outro local. Há também a situação em que o hóspede liga de seu quarto para falar com algum funcionário do hotel, que não está disponível no momento. Temos ainda a situação em que um antigo hóspede liga para cumprimentar um funcionário por um serviço e o mesmo não se encontra.

Anotar e transmitir recados são tarefas bastante delicadas e que devem ser levadas a sério, uma vez que, no momento em que a pessoa atende o telefone, ela está representando o hotel em que trabalha. É preciso ter calma e atenção para ouvir, e educação e polidez para falar.

A fim de evitar equívocos, criamos um formulário apropriado para este fim.

7.1 Formulários para anotar recados (Note-taking forms)

Os formulários encontrados na Tabela 7.1 podem ser usados para anotar recados. São sugestões que podem ser alteradas de acordo com a dinâmica e a necessidade do hotel. O primeiro destina-se a recados externos para os hóspedes e o segundo dos hóspedes para algum funcionário. É importante prestar atenção aos detalhes, a fim de evitar mal-entendidos. Existe também a possibilidade de se criar um formulário único, que sirva para os dois tipos de recados.

Tabela 7.1 - Formulários para recados

MESSAGE	MESSAGE
To: Mr./Mrs./Miss: _____	To: Mr./Mrs./Miss: _____
Room: _____	Position: _____
From: _____	From: Mr./Mrs./Miss: _____
Of: _____	Room: _____
Phone: (___) _____	Message:
Message:	_____
_____	_____
_____	_____
_____	_____
Taken by:_____ Time:_____	Taken by:_____ Time:_____

7.2 Mensagens externas para um hóspede (External messages for a guest)

Vamos ver duas situações semelhantes. Em ambas, uma pessoa não hospedada no hotel liga para falar com um hóspede. No primeiro caso, o hóspede está no hotel, mas a linha de seu quarto está ocupada e a pessoa pede para deixar um recado. Já no segundo, o hóspede não está e a pessoa também pede para que o atendente transmita um recado. Vamos conhecê-las?

Figura 7.1 - Taking messages.

7.2.1 A linha está ocupada (Line's busy)

No diálogo a seguir, o advogado de Mr. Thompson liga para falar com ele, mas sua linha está ocupada (Figura 7.2).

Front desk operator: Hotel International. Can I help you?

Mr. Nielson: Hello! Who's speaking, please?

Front desk operator: My name is Melissa.

Mr. Nielson: My name is Paul Nielson. I'd like to talk to Mr. Thompson. His room is number 78.

Front desk operator: Hold on a second, please. I'll put you through.

Mr. Nielson: Certainly.

Front desk operator: The line is busy. Could you wait one more moment?

Mr. Nielson: I don't know. May I leave him a message?

Front desk operator: Sure. I'll give your message to Mr. Thompson as soon as I can.

Mr. Nielson: So please… ask him to call me. It's very important. I'm Mr. Thompson's lawyer. He has my phone number.

Front desk operator: Right. I will ask him to call you back. Mr. Thompson, room 78, call Mr. Nielson.

Mr. Nielson: Exactly. Thank you.

Front desk operator: You're welcome.

Figura 7.2 - Melissa is writing the message.

```
MESSAGE

To: Mr./Mrs./Miss: Thompson

Room: 78

From: Mr. Nielson

Of: Mr. Thompson's lawyer

Phone: (___) _____

Message:

Mr. Nielson asked Mr. Thompson to call.
_____
_____

Taken by: Melissa   Time: 9:34 a.m.
```

7.2.2 O hóspede não está no hotel (The guest is not at the hotel)

No diálogo a seguir, o alfaiate de Mr. John Gray liga para falar com ele, mas ele não se encontra. Assim, ele deixa um recado a respeito do seu smoking.

Front desk operator: International Hotel. Alex speaking.

Mr. Rogers: Hello! That's Mr. Rogers. May I speak to Mr. John Gray?

Front desk operator: Just a moment… Well, we have two Mr. John Gray here. Do you know the room number?

Mr. Rogers: I'm not sure. I think it's number 17. Maybe 71.

Front desk operator: Oh, yes. It's room 71. Mr. John Gray, but he is not at the hotel now. Would you like to leave a message?

Mr. Rogers: Yes, please. Tell him that his tuxedo is ready. I am Mr. Gray's tailor. He can take it tomorrow till noon. I am going to travel in the afternoon.

Front desk operator: Right, Mr. Rogers. I will tell Mr. John Gray from room 71 that the tuxedo must be taken tomorrow till noon because you are going to travel. Is that correct?

Mr. Rogers: Yes, it is. Thank you very much.

Front desk operator: You're welcome.

Figura 7.3 - A tuxedo.

> **MESSAGE**
>
> To: Mr./Mrs./Miss: John Gray
>
> Room: 71
>
> From: Mr. Rogers
>
> Of: Mr. Grays's tailor
>
> Phone: (___) _____
>
> Message:
>
> Mr. John Gray's tuxedo is ready. Must be taken tomorrow till noon.
>
> Taken by: Alex Time: 2:16 p.m.

7.3 Mensagem do hóspede para um funcionário (message from guest to staff)

Na conversa a seguir, o hóspede do quarto 34 está nervoso e pede para o gerente entrar em contato com ele com urgência.

Front desk operator: Good afternoon. Front desk. Elaine speaking.

Mr. Garcia: Good afternoon. My name is Jose Garcia from room 34. I need to talk to the manager Mr. Steven.

Front desk operator: I'm afraid he cannot talk to you at the moment. He is assisting some guests from Italy. Is there a way I can help you?

Mr. Garcia: I have a situation here. I'm so nervous. Ask him to contact me urgently.

Front desk operator: All right Mr. Garcia. Your message will be given to Mr. Steven.

Mr. Garcia: Thank you.

Front desk operator: Not at all.

> **MESSAGE**
>
> To: Mr./Mrs./Miss: Steven
>
> Position: Manager
>
> From: Mr./Mrs./Miss: Jose Garcia
>
> Room: 34
>
> Message:
>
> Mr. Garcia asks to be contacted urgently.
>
> Taken by: Elaine Time: 4:54

7.4 Antigo hóspede liga para elogiar (Former guest calls to compliment)

Front desk operator: Hotel International. How can I help you?

Mr. Rossi: Good morning! I'd like to talk to the restaurant manager, Mr. Xavier.

Front desk operator: Oh, he's not at the hotel today.

Mr. Rossi: When will he be back?

Front desk operator: In a few days, sir.

Mr. Rossi: Would you please write down a message?

Front desk operator: Sure. What's your name?

Mr. Rossi: My name is Luigi Rossi. Please tell Mr. Xavier I would like to compliment him for the food in his restaurant. It was the best Vietnamese food I've ever eaten.

Front desk operator: Yes, sir. I will tell him.

Mr. Rossi: Thank you a lot.

Front desk operator: My pleasure.

MESSAGE

To: Mr./Mrs./Miss: Xavier

Position: Restaurant Manager

From: Mr./Mrs./Miss: Luigi Rossi

Room: _____

Message:

Mr. Rossi asked to compliment for the Vietnamese food. He said it was the best food he's ever eaten.

Taken by: Anna   Time: 10:23 a.m.

7.5 Voz passiva (Passive voice)

Vamos observar algumas sentenças:

1) At check-in, the person must fill in a registration form.
   (No check-in, a pessoa precisa preencher um formulário de registro.)

2) He reserved a room.
   (Ele reservou um quarto.)

3) The bellboy will help you with the luggage.
   (O carregador o ajudará com a bagagem.)

4) Hotel Royal Prince's new owner renewed the bar in 2011.
(O novo proprietário do Hotel Royal Prince renovou o bar em 2011.)

5) The chambermaid cleans rooms every day.
(A camareira limpa quartos todos os dias.)

6) Those women change the towels, pillowcases and sheets every two days.
(Aquelas mulheres trocam as toalhas, as fronhas e os lençóis a cada dois dias.)

7) This hotel is not allowing dogs.
(Este hotel não permite cães.)

8) Our restaurant has served vegetarian food for years.
(O nosso restaurante tem servido comida vegetariana por anos.)

9) Some beach destinations attract many tourists.
(Alguns destinos de praia atraem muitos turistas.)

Todas elas estão na voz ativa, em que a ênfase está em quem ou o que pratica a ação. Abaixo essas frases são reescritas, dando-se ênfase agora a quem ou o que sofreu a ação (voz passiva). Observe:

1) At check-in, a registration form must be filled.
(No check-in, um formulário de registro deve ser preenchido.)

2) A room was reserved by him.
(Um quarto foi reservado por ele.)

3) You will be helped with the luggage by the bellboy.
(Você será ajudado com a bagagem pelo carregador.)

4) The bar was renewed by Hotel Royal Prince's new owner in 2011.
(O bar foi renovado pelo novo proprietário do Hotel Royal Prince em 2011.)

5) Rooms are cleaned by the chambermaid every day.
(Quartos são limpos pela camareira todos os dias.)

6) The towels, pillowcases and sheets are changed by those women every two days.
(As toalhas, as fronhas e os lençóis são trocados por aquelas mulheres a cada dois dias.)

7) Dogs are not being allowed by this hotel.
(Cães não são permitidos por este hotel.)

8) Vegetarian food has been served by our restaurants for years.
(Comida vegetariana foi servida por nosso restaurante por anos.)

9) Many tourists are attracted by some beach destinations.
(Muitos turistas são atraídos por alguns destinos de praia.)

O que pode ser verificado é que o termo que era objeto da voz ativa torna-se sujeito na passiva. Na maioria das frases, o sujeito da voz ativa aparece na passiva, precedido pela preposição "by" e chamado de agente da passiva. Na frase 1, este termo foi omitido por ser óbvio demais (a person). Outros agentes normalmente omitidos são: "people", "somebody", "someone", "nobody", "no one", "them", "us", "you", por serem ou muito evidentes ou desconhecidos.

A Tabela 7.2 apresenta a voz passiva:

Tabela 7.2 - Passive voice (voz passiva)

A voz passiva é usada quando:	a ênfase está na ação e não naquele que a pratica (agente),
	o agente não é conhecido,
	o agente não é importante na oração.
A voz passiva é formada por:	Verbo auxiliar "to be" (no tempo verbal em que aparece o verbo principal na voz ativa)
	(+)
	verbo principal no past participle.
	Exemplo: A room was reserved by him.

Quanto à ordem dos termos:

O objeto da voz ativa torna-se sujeito na passiva. O sujeito da voz ativa aparece na passiva precedido pela preposição "by", sendo chamado de agente da voz passiva.

Voz ativa	Voz passiva
Objeto	Sujeito
Sujeito	Agente da passiva

Exemplo:

Voz ativa

Modern hotels — include — regional dishes — on their menus.

Voz passiva

Regional dishes — are include — by modern hotels — on their menus.

7.6 Caso possessivo (Possessive case)

Vamos dar uma olhada nas frases a seguir? Elas apresentam o caso possessivo, ou seja, são expressões que estabelecem uma relação de posse, em que o primeiro termo é o possuidor e o segundo é o possuído.

Hotel Royal Prince's new owner.

I am Mr. Gray's tailor.

I'm Mr. Thompson's lawyer.

Mais algumas informações sobre o caso possessivo:

» É também chamado de *genitive case* (caso genitivo);
» Expressa posse e é usado tanto para pessoas como para animais, embora seja mais comum para pessoas:

   the receptionist's name (the name of the receptionist)

   the dolphin's eyes (the eyes of the dolphin)
» É formado pelo acréscimo de 's ao possuidor:

   Mr. Clark's reservation

   Charlotte's luggage

   the child's toy

   the waiter's suit
» Quando o substantivo termina em -s, usa-se apenas o apóstrofo ('):

   the boys' room

   the ladies' dresses
» Pode-se usar o caso genitivo para indicar coisas personificadas ou dignificadas:

   the beauty's queen

   the earth's surface

Fique de olho!

"Lawyer" (advogado) e "tailor" (alfaiate) foram profissões citadas neste capítulo. Uma termina com o sufixo -er e a outra com -or, ambos significando "a pessoa que pratica a ação". Existem outros com significado semelhante. São os "person suffixes" (sufixos pessoais). Vejamos quais são:

   » -ant: immigrant, attendant, commandant
   » -ee: trainee, employee, referee
   » -ent: president, dissident, student
   » -ian: pediatrician, musician, electrician
   » -ist: artist, dentist, scientist

Amplie seus conhecimentos

Você já ouviu falar em Dale Carnegie?

Sabia que ele foi um escritor e orador norte-americano?

Ainda não sabe de quem se trata?

Mais uma dica: ele escreveu o livro *Como fazer amigos e influenciar pessoas*.

Nada?

Bem, e quanto à frase "Você nunca tem uma segunda chance de causar uma boa primeira impressão?" (You never get a second chance to make a good first impression)?

Provavelmente, você já ouviu falar, não é? Embora alguns não creditem esta frase a ele, a ideia que ela expressa é de suma importância para o ramo de hospedagem, e causar uma boa impressão a um hóspede em potencial é o que todos desejam, não?

Exemplo

Neste capítulo, usamos alguns "phrasal verbs": hold on (aguardar), write down (escrever, preencher) e fill in (preencher).

Um "phrasal verb" é uma expressão composta por um verbo, seguido de uma preposição ou advérbio. Tais verbos são muito comuns na língua inglesa e não devem ser traduzidos literalmente. Na maioria das vezes, o significado original do verbo é diferente daquele após o uso da preposição ou do advérbio. Vejamos alguns exemplos:

- To give = dar/ To give up = desistir, deixar de fazer alguma coisa
- To look = olhar/ To look after = tomar conta
- To bring = trazer/ To bring about = causar
- To make = fazer/ To make up = inventar
- To get = receber, pegar/ to get out = sair

Vamos recapitular?

Este capítulo mostrou situações em que se fez necessário ao funcionário do hotel tomar nota de recados. Foram recados para hóspedes e de hóspedes para o pessoal do hotel. Nestes, é preciso atenção e clareza.

Mostramos o uso da voz passiva em orações cuja ênfase está em quem recebe a ação e não em quem a pratica, como nas orações a seguir:

- Your message will be given to Mr. Steven.
  (Sua mensagem será entregue ao Sr. Steven.)

- This message must be delivered as soon as possible.
  (Esta mensagem precisa ser entregue assim que possível.)

Também apresentamos sugestões de formulários para anotar recados.

Agora é com você!

1) Usando as informações contidas nos formulários a seguir, crie diálogos em que o funcionário do hotel anota um recado.

MESSAGE

To: Mr./Mrs./Miss: Susan Lee

Room: 132

From: Mrs. Heloyse Lee

Of: Miss Lee's mother

Tel: (___) _____

Message:
Mrs. Lee asked Miss Lee to call her urgently. Miss Lee's uncle is at the hospital.

Taken by: Jennifer   Time: 4:18 p.m.

MESSAGE

To: Mr./Mrs./Miss: Walker

Position: Hotel manager

From: Mr./Mrs./Miss: Helen Martin

Room: 67

Message:
Miss Helen asks Mr. Walker to talk to the guests from room 65. Their kids are too noisy. She can't sleep.

Taken by: Teodor   Time: 6:15 a.m.

---

2) Escreva as frases na voz passiva. Observe que os verbos da voz ativa estão em destaque. Lembre-se de que a voz passiva deve apresentar verbo "to be" + o verbo principal no *past participle*:

a) The hotel secretary **answers** many e-mails every day.

b) The trainees **have finished** the report.

c) This section **describes** the terms of the hotel jobs.

d) She **will leave** a message.

e) They **had opened** a small hotel in the country.

Anotação e Transmissão de Mensagens

- f) We would invite her.
- g) The text provides all the necessary details.
- h) John is printing the reservation report.
- i) They were disturbing the guest from room 49.
- j) We organize the desktop every day.
- k) The president of the company is going to invite her.
- l) The Argentinian man was going to contact us.
- m) They could help you.
- n) You must deliver that message.

3) Escreva em inglês:
- a) O quarto do hóspede.
- b) A mala do Sr. Smith.
- c) O nome do porteiro.
- d) O uniforme do pessoal da manutenção.
- e) O computador do gerente.
- f) As suítes dos turistas europeus.
- g) O *check-in* do ator famoso.
- h) O antigo dono deste hotel.
- i) O *check-out* dos empresários.
- j) O pessoal do hotel.

8 No Restaurante

Para começar

No atendimento em restaurantes de hotéis, torna-se necessário o conhecimento dos pratos oferecidos e suas características. Além disso, o funcionário precisa saber oferecer o prato, anotar o pedido, confirmar e até lidar com reclamações.

Veremos, neste capítulo, vários diálogos com situações variadas, frases úteis, expressões e vocabulário referentes a cardápios, alimentos, bebidas e utensílios de mesa.

8.1 Cardápios (Menus)

Nosso ponto de partida para atender apropriadamente um hóspede no restaurante será entender o cardápio, que tem como objetivo informar a respeito dos pratos oferecidos, o modo como são feitos e seus preços, além de outras informações como horário de funcionamento, promoções, detalhes etc. As variações são infindáveis, bem como os *layouts*.

Os cardápios costumam apresentar os alimentos divididos em categorias, como entradas (*appetizers* ou *starters*), pratos principais (*main course* ou *main dishes*), sobremesas (*desserts*) e bebidas (*beverages* ou *drinks*). Outra possível divisão seria café da manhã (*breakfast*), almoço (*lunch*) e jantar (*dinner*). Isso vai depender do tipo de hotel, do tamanho e da localização.

8.1.1 Exemplo de cardápio (Menu example)

THE POLKA-DOTTED ELEPHANT RESTAURANT

STARTERS

Soups (tomato, mushroom, chicken, carrot, lentils)	$ 15
Mini bruschettas	$ 20
Mini pies (onion, feta, tofu, ricotta)	$ 20
Grilled aubergines	$ 18

MAIN COURSE

Spaghetti with meatballs - served with tomato sauce	$ 25
Lasagna - classic lasagna with meat sauce	$ 30
Stuffed chicken - chicken breast stuffed with goat cheese	$ 35
Roasted salmon with asparagus - salmon prepared with mustard, garlic, and lemon juice	$ 45
Roast beef - cooked with onions, potatoes, and carrots	$ 40

DESSERTS

Summer berries cheesecake	$ 22
Meringue tart	$ 24
Apple pie	$ 20
Chocolate brownie	$ 12
Chocolate sorbet	$ 17

BEVERAGES

Fruit juice	$ 8
Cappuccino	$ 9
Soda	$ 4
Tea	$ 5
Beer	$ 8
Wine	$ 12

24 hours opened
All credit cards accepted

8.1.2 Vocabulário presente nos cardápios (Menu vocabulary)

Apresentamos, na Tabela 8.1 (Figuras 8.1 a 8.18), os nomes em inglês de alimentos e bebidas, e na Tabela 8.2, os nomes de artigos e utensílios de mesa.

Tabela 8.1 - Types of food

Figura 8.1 - Aperitifs.

Figura 8.2 - Appetizers.

Figura 8.3 - Beers.

Figura 8.4 - Beverages.

Figura 8.5 - Cocktails.

Figura 8.6 - Coffees.

Figura 8.7 - Desserts.

Figura 8.8 - Main course (or main dishes).

Figura 8.9 - Pastas.

Figura 8.10 - Pastries.

Figura 8.11 - Pizzas.

Figura 8.12 - Salads.

Figura 8.13 - Sandwiches. Figura 8.14 - Side dishes. Figura 8.15 - Soft drinks.

Figura 8.16 - Soups. Figura 8.17 - Teas. Figura 8.18 - Wines.

Tabela 8.2 - Tableware (artigos/utensílios de mesa)

Tableware	
cup	xícara
fork	garfo
jug	jarra
knife	faca
ladle	concha
napkin	guardanapo
plate/dish	prato
salt shaker	saleiro
saucer	pires
spoon	colher
tablecloth	toalha de mesa
water glass	copo de água
wine glass	copo de vinho

8.2 Hóspede almoça no restaurante do hotel (Guest has lunch at the hotel restaurant)

No diálogo seguinte, Mr. Perry, que está hospedado no hotel, vai ao restaurante para almoçar, não apresentando dúvidas quanto ao cardápio.

Waiter: Good morning. Can I help you?

Mr. Perry: Good morning. Do you have a table outside?

Waiter: Yes, we do. How many are you?

Mr. Perry: Just me.

Waiter: This way, please.

They go outside.

Waiter: Would you like a starter?

Mr. Perry: Yes, let me see… I'd like carrot and chicken soup.

Waiter: Yes, and what would you like as the main dish?

Mr. Perry: I'll have spaghetti and meatballs… and a broccoli salad.

Waiter: What would you like to drink?

Mr. Perry: I'd like an orange juice.

Waiter: Well, carrot and chicken soup, spaghetti and meatballs, and an orange juice. That's it, right?

Mr. Perry: Correct!

Waiter: Thank you.

After lunch…

Mr. Perry: It was all delicious.

Waiter: Would you like anything else? A dessert?

Mr. Perry: No, thank you. Just the bill.

The waiter brings the bill.

Waiter: Your bill, sir.

Mr. Perry: Here you are. Thank you.

Waiter: You're welcome. Have a nice day.

Figura 8.19 - Spaghetti and meatballs.

8.3 Hóspedes do hotel vão ao restaurante e pedem informações sobre pratos (Guests go to the hotel restaurant and ask about the dishes)

No próximo diálogo, os hóspedes pedem informações sobre alguns pratos do cardápio.

Waitress: Good evening. Are you ready to order?

Mr. Paul Higgins: Yes, but first could you tell us what this Waldorf salad is?

Waitress: It is a salad made of fresh apples, celery and walnuts, dressed in mayonnaise or yoghurt, and served on a bed of lettuce.

Ms. Linda Higgins: It sounds great. I'll have this, please.

Mr. Paul Higgins: For me too.

Waitress: And for the main course?

Mr. Higgins: What do you recommend?

Waitress: The baked salmon is very good, sir. It comes with mashed potatoes.

Mr. Paul Higgins: I'll have it, please.

Ms. Linda Higgins: Please tell me how this cowboy steak is.

Waitress: It is a grilled steak prepared with olive oil, sea salt, fresh ground pepper, and a touch of roasted garlic.

Ms. Linda Higgins: I'll have it.

Waitress: Well-done, medium, or rare?

Ms. Linda Higgins: Well-done, please.

Waitress: Would you like anything to drink?

Mr. Higgins: Could you bring us a half-bottle of house red wine, please?

After lunch...

Waitress: What would you like for dessert?

Mr. Paul Higgins: I'd like an apple pie, please.

Ms. Linda Higgins: And I'll have a fruit salad with vanilla ice cream.

After dessert...

Waitress: Did you enjoy your meal?

Mr. Higgins: Yes, thank you. Can you bring us the bill?

Waitress: Are you paying together?

Mr. Paul Higgins: Yes, we are.

Figura 8.20 - Cowboy steak.

8.4 Hóspede vai ao bar do hotel (Guest goes to the hotel bar)

Ao entardecer, um hóspede do hotel vai até o bar e resolve conhecer a carta de vinhos.

Barman: Good evening, sir. Can I serve you anything?

Mr. Ivanov: Yes. Please, could I see the wine list?

Barman: Certainly.

Mr. Ivanov: I'll have a glass of the white Regeni, please.

Barman: Ok. Here it is.

Mr. Ivanov: Thank you.

Barman: You're welcome!

Veja na Tabela 8.3 o nome de mais algumas bebidas.

Tabela 8.3 - Spirit drinks (bebidas alcoólicas)

beer	cerveja
brandy	aguardente
champagne	champanhe
draft beer	chope
gin	gim
liqueur	licor
red wine	vinho tinto
rum	rum
sparkling wine	vinho espumante
vodka	vodca
whiskey	uísque
white wine	vinho branco

8.5 Reclamações (Complaints)

A seguir, você verá algumas frases que nenhum garçom gostaria de ouvir. Algumas se referem a situações fáceis de serem resolvidas, já outras são mais delicadas, e devem ser bem conduzidas para evitar mais desdobramentos.

» There's a hair in my soup.
 (Há um cabelo na minha sopa.)

» There's something moving in my salad.
 (Há algo se mexendo na minha salada.)

- Excuse me. I haven't asked for/ordered this.
  (Me desculpe. Eu não pedi isso.)

- I'm afraid you are mistaken.
  (Acho que você se enganou.)

- The food is cold.
  (A comida está fria.)

- The beef is tough.
  (A carne está dura.)

- My steak is underdone.
  (Meu filé está mal passado.)

- My wife ordered a well-done steak and you have brought her a rare steak instead.
  (Minha esposa pediu um filé bem passado e, em vez disso, você trouxe um mal passado.)

- This steak is too rare.
  (Este filé está muito mal passado.)

- There isn't a knife/a fork/a spoon here.
  (Falta uma faca/um garfo/uma colher aqui.)

- Could you change the plate, please? This one is dirty.
  (Você poderia trocar o prato, por favor. Este está sujo.)

- I think there is a mistake in the bill.
  (Eu acho que há um engano na conta.)

- What's taking so long? Will it be much longer?
  (O que está demorando tanto? Vai demorar muito ainda?)

- Could you call the head waiter, please?
  (Você poderia chamar o garçom chefe, por favor?)

- I've never eaten anything so tasteless in my entire life.
  (Eu nunca comi nada tão sem gosto em toda a minha vida.)

- The rice is too salty.
  (O arroz está salgado demais.)

- I'd like to talk to the manager, please.
  (Eu gostaria de falar com o gerente, por favor.)

> Alguns adjetivos que se referem a alimentos: acid (ácido), bitter (amargo), peppery (apimentado), salty (salgado), sour (azedo), sweet (doce) e yummy (gostoso, delicioso).

Em situações embaraçosas, o funcionário precisa manter a calma, desculpar-se com o cliente e tentar resolver o problema civilizadamente, de modo que a boa imagem do hotel seja preservada. A seguir, algumas sugestões:

- Sorry about the delay, the restaurant is very busy tonight.
  (Desculpe pelo atraso, o restaurante está muito cheio esta noite.)

- I'll check what's going on in the kitchen.
  (Vou verificar o que está acontecendo na cozinha.)

- I'm terribly sorry, sir. I'll send your dish back to the kitchen.
  (Sinto muitíssimo, senhor. Vou mandar o seu prato de volta para a cozinha.)

- I apologize for the steak. I'll replace it straight away.
  (Peço desculpas pelo seu filé. Vou substituí-lo imediatamente.)

- Please accept my apologies. I'll replace your dish immediately.
  (Por favor, aceite as minhas desculpas. Substituirei o seu prato imediatamente.)

- I'll get the manager for you.
  (Vou chamar o gerente para o senhor.)

8.6 Plural dos substantivos (Plural of nouns)

Quando falamos em alimentos, é importante conhecer o plural dos substantivos. Vejamos alguns exemplos, muitos deles presentes nos diálogos e expressões estudadas:

- A regra geral para formarmos o plural é acrescentando "s" à forma singular: steak – steaks; juice – juices; salad – salads; cup – cups.
- Palavras terminadas em "s", "ch", "sh", "x", "o" e "z" recebem "es" para formar o plural: glass – glasses; sandwich – sandwiches; potato – potatoes; tomato – tomatoes; dish – dishes.
- Palavras terminadas em "fe" formam o plural, trocando-se o "fe" por "ves": knife – knives.
- Palavras terminadas em -y precedido por consoante formam seu plural trocando-se o "y" por "ies": candy – candies; blueberry – blueberries.

8.7. Gênero dos substantivos (Gender of nouns)

Nos diálogos estudados neste capítulo, vimos as palavras "waiter" (garçom) e "waitress" (garçonete).

Vamos aproveitar e aprender um pouco mais sobre o gênero (masculino e feminino) dos substantivos em inglês?

Temos duas categorias principais relacionadas ao gênero dos substantivos.

» Palavras diferentes para masculino e feminino:

bachelor – spinster (solteiro – solteira)
boy – girl (menino – menina)
brother – sister (irmão – irmã)
father – mother (pai – mãe)
king – queen (rei – rainha)
man – woman (homem – mulher)
nephew – niece (sobrinho – sobrinha)
uncle – aunt (tio – tia)

» Acréscimo do sufixo -ess ao masculino, como no caso citado de "waiter" e "waitress":

actor – actress (ator – atriz)
emperor – empress (imperador – imperatriz)
god – goddess (deus – deusa)
heir – heiress (herdeiro – herdeira)
host – hostess (anfitrião – anfitriã)
lion – lioness (leão – leoa)
prince – princess (príncipe – princesa)
steward – stewardess (comissário de bordo – comissária de bordo)
waiter – waitress (garçom – garçonete)

Fique de olho!

Você sabe a diferença entre "smashed potatoes" e "mashed potatoes"?

Primeiro, é preciso saber que o verbo "to mash" significa triturar ou amassar. "Smashed potatoes" são as batatas cozidas ou assadas com a casca e levemente amassadas (Figura 8.21). Geralmente, são usadas recheadas. Já as "mashed potatoes" são amassadas sem a casca e correspondem ao que chamamos de purê (Figura 8.22).

Figura 8.21 - Smashed potatoes.

Figura 8.22 - Mashed potatoes.

> **Exemplo**
>
> Please, I'd like **mashed potatoes** for dinner.
>
> I'll have **stuffed smashed potatoes**.
>
> A Tabela 8.4 apresenta algumas dicas sobre batatas.
>
> Tabela 8.4 - Potatoes
>
> | | Batata frita comum (feita em casa ou em lanchonetes e restaurantes) | Batata frita industrializada (vendida em pacotes) |
> |---|---|---|
> | Potatoes | Figura 8.23 | Figura 8.24 |
> | Inglês americano | fries ou French fries | chips ou potato chips |
> | Inglês britânico | chips | crisps ou potato crisps |

> **Amplie seus conhecimentos**
>
> Dave Pavesic, no artigo "The psychology of menu design: reinvent your 'silent salesperson' to increase check averages and guest loyalty", afirma que o cardápio é a única propaganda impressa da qual se tem 100% certeza de que será lida pelo hóspede. Ainda neste artigo, ele cita a importância de se levar em consideração o padrão de movimento dos olhos ("eye movement pattern") sobre um cardápio com duas dobras no momento de colocar nele a informação desejada, visando o aumento de vendas. O texto está disponível no site: <http://rrgconsulting.com/psychology_of_restaurant_menu_design.htm> (acesso em 09 abr. 2014).
>
> Vale a pena ler!

8.8 I'd like / I'll have

Existem duas maneiras de dizer o que queremos comer. Uma delas é usando a expressão "I would like… (I'd like)" e a outra é com "I will have… (I'll have)". Por exemplo, se quisermos pedir uma sopa de tomate, dizemos: "I'd like a tomato soup" ou "I'll have a tomato soup".

Exemplo

Estude, a seguir, exemplos de como pedir alguns pratos usando "I'd like" e "I'll have":

- » I'd like a strawberry ice cream.
- » I'll have a strawberry ice cream.
  (Vou querer um sorvete de morango.)
- » I'd like a hot dog.
- » I'll have a hot dog.
  (Vou querer um cachorro-quente.)
- » I'd like a lemonade.
- » I'll have a lemonade.
  (Vou querer uma limonada.)
- » I'd like baked potatoes with mushrooms.
- » I'll have baked potatoes with mushrooms.
  (Vou querer batatas assadas com cogumelos.)

Vamos recapitular?

Começamos este capítulo mostrando a importância do cardápio e do conhecimento sobre ele pela equipe do restaurante. O garçom (ou garçonete) precisa conhecer os pratos que compõem o cardápio e saber como são preparados para poder informar ao cliente, para depois então anotar o pedido e confirmá-lo.

Estudamos três diálogos: no primeiro, o hóspede não tinha dúvidas sobre os pratos; no segundo, os hóspedes queriam saber como são feitos alguns pratos e, no terceiro, o cliente foi ao bar do hotel. Vimos também algumas reclamações que podem acontecer em um restaurante e as formas educadas para respondê-las.

Trabalhamos com o vocabulário referente às refeições em um cardápio, aos utensílios de mesa e às bebidas, com o plural e o gênero dos substantivos. Analisamos ainda as expressões "I'll have..." e "I'd like...", usadas para expressar o que queremos comer.

Agora é com você!

1) Relacione as colunas. São perguntas e respostas que podem ocorrer em um restaurante.

1	What would you like to start with?	A pudding.
2	What would you like to drink?	Well-done.
3	What would you like for dessert?	A melon juice.
4	Are you paying together?	A beetroot soup.
5	How would you like your steak?	Yes, we are.

2) Coloque o diálogo abaixo na ordem correta:

( ) Rare, please.

( ) The spaghetti with red sauce is very good, sir. The steak with green beans is great too.

( ) I'd like a condensed-milk flan, please.

( ) Good evening. Are you ready to order?

( ) I'll have the steak with green beans, please.

( ) Yes, I think so. I'll have an onion soup for starter.

( ) A watermelon juice please.

( ) Well-done, medium, or rare?

( ) Would you like anything to drink?

( ) What would you like for dessert?

( ) What do you recommend?

( ) And for the main course?

3) Relacione as colunas. As frases referem-se a reclamações dos clientes e respostas do garçom.

1	I'd like to talk to the manager, please.	I apologize for the steak. I'll replace it straight away.
2	What's taking so long? Will it be much longer?	I'll get him for you.
3	My wife ordered a well-done steak and you have brought her a rare steak instead.	I'll check what's going on in the kitchen.
4	There's a hair in my soup.	I'm terribly sorry, sir. I'll send your dish back to the kitchen.

No restaurante

4) Escreva em inglês, lembre-se de que há duas possibilidades:

   a) Vou querer filé grelhado com batata doce.

   b) Vou querer salmão com cogumelos.

   c) Vou querer salada de brócolis.

   d) Vou querer salada Waldorf.

   e) Vou querer sopa de frango com couve-flor.

   f) Vou querer batatas recheadas.

   g) Vou querer torta de cebolas e salsão.

   h) Vou querer risoto italiano.

   i) Vou querer hambúrguer de soja.

   j) Vou querer uma taça de vinho tinto.

5) Escreva no plural:

   a) candy

   b) meatball

   c) glass

   d) tomato

   e) pizza

   f) fork

   g) knife

   h) spoon

   i) apple

   j) pudding

9

Check-out

Para começar

O check-out é a última etapa da permanência de um hóspede no hotel. Nessa ocasião, o quarto é desocupado e o funcionário do hotel verifica as condições das acomodações. Além disso, é emitida a nota fiscal das despesas e a devolução das chaves ao hotel.

Estudaremos, neste capítulo, as frases usadas em todo esse processo.

9.1. Frases úteis (Useful phrases)

Nas orações a seguir você encontrará frases úteis para as diversas situações que envolvem o momento do check-out, tanto ditas pelo funcionário do hotel como pelo hóspede.

9.1.1 Como o hóspede pode dizer a que horas vai partir (How the guest can say what time he intends to leave)

» I'll be checking out around noon.
(Vou fazer o *check-out* por volta do meio-dia.)

» I'm leaving early in the morning.
(Vou sair cedo pela manhã.)

- We'll be checking out around midday.
  (Vou fazer o *check-out* por volta do meio-dia.)

- I'd like to check out now.
  (Gostaria de fazer o *check-out* agora.)

9.1.2 Como o hóspede pode pedir para pagar a conta (How the guest can ask for the bill)

- Can I have the bill, please?
  (Pode fechar a conta, por favor?)

- May I please have the bill?
  (Por favor, pode fechar a conta?)

- Please have my bill ready.
  (Por favor, deixe minha conta pronta.)

9.1.3 Como o funcionário da recepção pode pedir a chave do quarto (How the receptionist can ask for the room keys)

- May I have your key?
  (Pode me dar a sua chave?)

- Can I have your key?
  (Posso pegar a sua chave?)

- May I have the room key?
  (Posso pegar a chave do quarto?)

- I need to ask you for your room keys.
  (Preciso das chaves do seu quarto.)

9.1.4 Como o funcionário pode perguntar qual o quarto do hóspede (How the receptionist can ask what the room number is)

- Which room is this?
  (Qual é o quarto?)

- What room were you in?
  (Em que quarto você estava?)

- Which room were you in?
  (Em qual quarto você estava?)

9.1.5 Como o hóspede pede para que suas malas sejam pegas (How the guest can ask for someone to get the luggage)

» Could you send someone to bring our luggage?
(Você poderia mandar alguém para pegar a nossa bagagem?)

» Could you have our luggage brought?
(Você poderia mandar buscar a nossa bagagem?)

9.1.6 Como o funcionário sugere que o hóspede deixe suas malas com o carregador (How the receptionist suggests that the guest leaves their luggage with the bellboy)

» If you wish so, you can leave your bags with the bellboy and he can load them onto the taxi when it arrives.
(Se o senhor desejar, pode deixar as suas malas com o carregador e ele pode levá-las até o táxi quando ele chegar.)

9.1.7 Como o hóspede pergunta se está tudo incluso (How the guest asks if everything is included)

» Is everything included?
(Está tudo incluso?)

9.1.8 Como o hóspede pede para chamar um táxi (How the guest asks for a taxi)

» Can you get me a cab?
(Você pode me arrumar um táxi?)

» Please, call me a taxi.
(Por favor, me chame um táxi.)

9.1.9 Como o funcionário da recepção oferece um táxi (How the receptionist offers to call for a taxi)

» Would you like me to call for a taxi?
(O senhor quer que eu chame um táxi?)

9.1.10 Como o hóspede pergunta sobre o pagamento (How the guest asks about the payment)

» How much do I owe you?
(Quanto devo?)

- How much should I pay?
- (Quanto eu deveria pagar?)

9.1.11 Como o funcionário pergunta sobre a forma de pagamento (How the receptionist asks about the payment method)

- How would you like to pay?
  (Como gostaria de pagar?)

9.1.12 Como o hóspede responde sobre a forma de pagamento (How the guest replies about the payment method)

- I'd like to pay by credit card.
  (Gostaria de pagar com cartão de crédito.)
- I'd like to pay by cash.
  (Gostaria de pagar em dinheiro.)
- I'll pay cash.
  (Vou pagar em dinheiro.)
- I'll use my credit card.
  (Vou usar meu cartão de crédito.)

Figura 9.1 - Paying by credit card.

9.1.13 Como o funcionário pergunta sobre o consumo (How the receptionist asks about items bought by the guest)

- Did you take anything from the minibar last night?
  (Você pegou alguma coisa do frigobar ontem à noite?)
- Have you taken anything from the minibar?
  (Você pegou alguma coisa do frigobar?)

9.1.14 Como responder sobre o consumo (How to reply about items bought)

- Yes, a bottle of mineral water.
  (Sim, uma garrafa de água mineral.)
- Yes, a chocolate bar.
  (Sim, uma barra de chocolate.)
- I didn't take anything.
  (Não peguei nada.)

Figura 9.2 - A chocolate bar.

9.1.15 Como o funcionário pergunta sobre a estada do hóspede, se despede ou deseja boa viagem (How the receptionist asks about the stay, says goodbye, or wishes a good trip home)

- Did you enjoy your stay with us?
  (O senhor gostou da sua estada conosco?)

- Have you enjoyed your stay here?
  (O senhor gostou da sua estada aqui?)

- How was your stay?
  (Como foi a sua estada?)

- Was everything satisfactory here?
  (Foi tudo satisfatório aqui?)

- Have a nice trip back home.
  (Tenha uma boa viagem de volta.)

- I hope you'll come again.
  (Espero que venha novamente.)

- I hope you have enjoyed your stay.
  (Espero que tenha gostado da sua estada.)

- I hope you appreciated your stay.
  (Espero que tenha gostado da sua estada.)

- We look forward to seeing you again.
  (Esperamos vê-lo novamente.)

- I hope the hotel was good for you.
  (Espero que o hotel tenha sido bom para o senhor.)

- Thank you again for staying at our hotel.
  (Mais uma vez, obrigado por ficar no nosso hotel.)

- Stay with us again next time.
  (Fique conosco novamente na próxima vez.)

9.1.16 Como o hóspede se despede do funcionário (How the guest says goodbye to the receptionist)

- I'll be back next time I'm in town.
  (Voltarei na próxima vez que estiver na cidade.)

- I'll tell other people to come here.
  (Vou dizer às outras pessoas para virem aqui.)

- I had a very nice stay here.
  (Tive uma estada muito boa aqui.)

9.2 Hóspede do hotel faz o check-out (Guest checks out)

No diálogo a seguir a hóspede vai fazer o "check-out" para deixar o hotel. Ao analisar a conta, ela acredita que o total a pagar está errado. O que você acha que acontece? Vamos descobrir?

Ms. Fernandez: Good morning, I'd like to check out now. I'm Ms. Floriza Fernandez.

Receptionist: Sure. Which room is this?

Ms. Fernandez: It's room 55. Here is the key.

Receptionist: OK, one moment please, Ms. Fernandez, I am printing out the bill. Could you please check and see if the amount is correct?

Ms. Fernandez: There must be a mistake. I thought it was R$ 540. That's what I was told when I checked in.

Receptionist: Yes, but there is an extra room charge on the bill.

Ms. Fernandez: When was this?

Receptionist: It was yesterday at lunchtime.

Ms. Fernandez: Oh, sorry. I'd forgotten it. I ordered a plate of spaghetti yesterday.

Receptionist: And how will you be paying?

Ms. Fernandez: I'll pay by credit card.

Receptionist: Just a moment. Here is your receipt.

Ms. Fernandez: Thank you. Could you call me a taxi?

Receptionist: Certainly, Ms. A taxi will be waiting outside the hotel in ten minutes.

Ms. Fernandez: Thank you very much. Good bye.

Receptionist: Have a nice trip back home, Ms. Good bye.

9.3 Verbos regulares e irregulares (Regular and irregular verbs)

Nas frases deste capítulo usamos diversos verbos, tanto regulares como irregulares:

> have – ask – need – check – leave – send – bring down – load – arrive – get – call – like – owe – pay – use – take – hope – enjoy – appreciate – look forward to – stay – tell

Você sabe o que é um verbo regular? E um verbo irregular?

Falando de modo bem simplificado, verbos regulares são aqueles que formam seu passado (*past*) e particípio passado (*past participle*) acrescentando-se -d ou -ed ao infinitivo, por exemplo:

Infinitive	Past	Past participle
to arrive	arrived	arrived
to call	called	called

Já os verbos irregulares são aqueles que não formam seu passado (*past*) e particípio passado (*past participle*) acrescentando-se -d ou -ed ao infinitivo, por exemplo:

Infinitive	Past	Past participle
to send	sent	sent
to have	had	had

Lembramos que, com as três formas básicas (infinitive, past e past participle), é possível conjugar um verbo em qualquer tempo.

Assim, vamos considerar novamente os verbos dos quadros mostrados, que desta vez estão divididos em regulares e irregulares. Veja:

Regulares	ask – need – check – load – arrive – call – like – owe – use – hope – enjoy – appreciate – look forward to – stay
Irregulares	have – leave – send – bring down – get – pay – take – tell

Consulte ao final deste livro as tabelas de verbos regulares e irregulares.

9.4 Tempos verbais (Verbal tenses)

Vários tempos verbais apareceram nas orações deste capítulo. A seguir, analisaremos alguns deles.

9.4.1 Simple present

I need to ask you for your room keys.

I hope you have enjoyed your stay.

9.4.2 Present continuous

I'm leaving early in the morning.

9.4.3 Simple future

I'll use my credit card.

We'll look forward to see you again.

I'll tell other people to come here.

I'll be back next time I'm in town.

9.4.4 Future continuous

I'll be checking out around noon.

We'll be checking out around midday.

9.4.5 Simple past

Did you take anything from the minibar last night?

Did you enjoy your stay with us?

I had a very nice stay here.

I didn't take anything.

9.4.6 Present perfect

Have you taken anything from the minibar?

Have you enjoyed your stay here?

Estude mais detalhes sobre a conjugação dos verbos no final do livro.

9.5 Pronomes indefinidos (Indefinite pronouns)

Nas frases a seguir estão em destaque os pronomes indefinidos "someone", "everything" e "anything", que são usados quando estamos generalizando e não falando sobre algo exato. Além destes há outros pronomes indefinidos: something, somebody, anybody, anyone, everybody, everyone, nothing, nobody e no one.

"Something" e "anything" referem-se a coisas, enquanto que "somebody", "anybody", "someone" e "anyone" estão relacionados a pessoas.

Geralmente, "something", "somebody" e "someone" são usados em frases afirmativas, ao passo que "anything", "anybody" e "anyone" são usados em frases negativas e interrogativas.

Could you send someone to bring down our luggage?

(Você poderia mandar alguém para pegar a nossa bagagem?)

Is everything included?

(Está tudo incluso?)

Did you take anything from the minibar last night?

(Você pegou alguma coisa do frigobar ontem à noite?)

Have you taken anything from the minibar?

(Você pegou alguma coisa do frigobar?)

I didn't take anything.

(Não peguei nada.)

Was everything satisfactory here?

(Foi tudo satisfatório aqui?)

Fique de olho!

Existem três palavras em inglês para designar um táxi, são elas: taxicab, cab e taxi. Vamos conhecer a origem delas?

Segundo o site da London Taxis, "cab" é a forma abreviada de "cabriolet", que é um termo para carro conversível. Na sua origem, um carro conversível era um veículo leve de duas rodas puxado por um único cavalo. Já "taxi" é a abreviação de taxímetro, sendo que este foi inventado na Alemanha e vem da palavra alemã "taxe", que significa taxa ou tributo. "Taxicab" é a abreviação de "taximeter cabriolet" (Figuras 9.3 a 9.5).

Figura 9.3 - A taximeter.   Figura 9.4 - A cabriolet.   Figura 9.5 - A taxi.

Amplie seus conhecimentos

O artigo "The weird items hotel guests forget", de Emma Ward, disponível em <http://www.travelsnitch.org/categories/features/weird-items-hotel-guests-forget/> (acesso em: 09 abr. 2014), aponta os 10 itens mais frequentemente deixados nos hotéis por seus hóspedes:

1) cell phone chargers (carregadores de telefones celulares)
2) underwear (roupas íntimas)
3) false teeth and hearing aids (dentaduras e aparelhos auditivos)
4) shoes and clothing (sapatos e roupas)
5) keys (chaves)
6) toiletries bag (bolsa de artigos de higiene e maquiagem, nécessaires)
7) adult toys (brinquedos adultos)
8) electric toothbrushes (escovas de dente elétricas)
9) laptops (laptops)
10) jewelry (joias)

Exemplo

Vamos ver mais exemplos de "some", "any", "every" e no e seus derivados?

» Some say it is very expensive.

(Alguns dizem que é muito caro.)

» Please, don't hesitate to tell us if there is something we can do for you.

(Por favor, não hesite em nos dizer se houver algo que possamos fazer por você.)

» Somebody must stay at the front desk.

(Alguém deve ficar na recepção.)

» I am here because someone recommended this hotel.

(Estou aqui porque me recomendaram este hotel.)

» Do you need any help with the luggage?

(Você precisa de ajuda com a bagagem?)

- » Please, is there anything I can do for you?
  (Por favor, há algo que eu possa fazer por você?)
- » Have you ever had anything stolen in a trip?
  (Você já teve alguma coisa roubada em uma viagem?)
- » This could have happened to anybody at the hotel.
  (Isto poderia ter acontecido com qualquer um no hotel.)
- » Anyone who has been to the Amazon will never forget it.
  (Qualquer pessoa que já esteve na Amazônia jamais esquecerá.)
- » Thanks for everything.
  (Obrigado(a) por tudo.)
- » Everybody is complaining about the air-conditioning system.
  (Todos estão reclamando do sistema de ar condicionado.)
- » Everyone knows what to do in case of fire.
  (Todos sabem o que fazer em caso de incêndio.)
- » No one should leave without paying.
  (Ninguém deveria sair sem pagar.)
- » Nobody is swimming in the pool at this moment.
  (Ninguém está nadando na piscina no momento.)
- » There was nothing wrong with his reservation form.
  (Não havia nada errado com este formulário de reserva.)

Vamos recapitular?

Este capítulo abordou o check-out, que é a formalização da saída do hóspede de um hotel. Estudamos como o hóspede pode dizer a que horas vai partir; como pode pedir para pagar a conta; como pede para que suas malas sejam pegas; como pergunta se está tudo incluso; como pede para chamar um táxi; como pergunta sobre o pagamento; como responde sobre a forma de pagamento; como responde sobre o consumo e como se despede do funcionário.

Também vimos como o funcionário pode pedir a chave; como pergunta qual o quarto do hóspede; como sugere que o hóspede deixe suas malas com o carregador; como deve oferecer um táxi; como pergunta sobre o consumo e a forma de pagamento; como pergunta sobre sua estada; como se despede do hóspede e como deseja boa viagem.

Analisamos os verbos regulares e irregulares e observamos alguns tempos verbais presentes nas orações relacionadas ao check-out.

Agora é com você!

1) Relacione as colunas referentes às orações utilizadas durante o check-out:

1	Como o hóspede pode dizer a que horas vai partir?	Could you have our luggage brought down?
2	Como o hóspede pode pedir para pagar a conta?	Please, call me a taxi.
3	Como o funcionário pode pedir a chave?	How much should I pay?
4	Como o funcionário pode perguntar qual o quarto do hóspede?	I'd like to pay by cash.
5	Como o hóspede pede para que suas malas sejam pegas?	How would you like to pay?
6	Como o funcionário sugere que o hóspede deixe suas malas com o carregador?	May I please have the bill?
7	Como o hóspede pergunta se está tudo incluso?	Would you like me to call for a taxi?
8	Como o hóspede pede para chamar um táxi?	Yes, a chocolate bar.
9	Como o funcionário da recepção oferece um táxi?	May I have the room key?
10	Como o hóspede pergunta sobre o pagamento?	Have you taken anything from the minibar?
11	Como o funcionário pergunta sobre a forma de pagamento?	I'll be checking out around noon.
12	Como o hóspede responde sobre a forma de pagamento?	I had a very nice stay here.
13	Como o funcionário pergunta sobre o consumo?	Is everything included?
14	Como o hóspede pode responder sobre o consumo?	Which room were you in?
15	Como o funcionário se despede do hóspede, pergunta sobre sua estada ou deseja boa viagem?	I hope you appreciated your stay.
16	Como o hóspede se despede do funcionário?	If you wish so, you can leave your bags with the bellboy and he can load them onto the taxi when it arrives.

2) Escreva, na primeira coluna, IN para as orações que se referem ao check-in e OUT para aquelas que se referem ao check-out:

	May I please have the bill?
	Would you fill in this reservation form, please?
	Have you taken anything from the minibar?
	I hope you have enjoyed your stay.
	Can I leave my things in the safe?
	I'm leaving early in the morning.
	Was everything satisfactory here?
	Have a good stay.
	We would like a room, please.
	Would you mind filling in this registration form, please?
	Which room were you in?
	How much do I owe you?
	How long will you be staying here?
	I'd like to pay by credit card.
	Could you have our luggage brought down?

3) Escolha a forma verbal adequada a cada frase:

a) I will pay/paid in cash. (Vou pagar em dinheiro.)

b) I'm having/had a very nice stay here. (Tive uma estadia muito boa aqui.)

c) A taxi will be waiting/was waiting outside the hotel in ten minutes. (Um táxi estará esperando do lado de fora do hotel daqui dez minutos.)

d) Did you enjoy/Enjoy your stay with us? (O senhor gostou da sua estada conosco?)

e) I'll use/used my credit card. (Usarei meu cartão de crédito.)

f) How much do/did I owe you? (Quanto eu devo?)

g) What room were/are you in? (Em que quarto você estava?)

h) I hope you have enjoyed/will enjoy your stay. (Espero que tenha apreciado a sua estada.)

i) Was/Is everything satisfactory here? (Foi tudo satisfatório aqui?)

j) We'll be checking out/check-out around midday. (Vou fazer o check-out por volta do meio-dia.)

10

Informações Gerais e Sugestões de Roteiros

Para começar

Este capítulo final trata de informações sobre os mais diversos assuntos que o funcionário do hotel poderá vir a dar ao hóspede. São expressões bem variadas. O funcionário poderá também sugerir roteiros de passeios aos hóspedes.

Atualmente, praticamente todas as empresas possuem um website e, na mesma tendência, todos os hotéis também. É importante que o funcionário em contato com os hóspedes conheça o site e as informações nele divulgadas para sanar eventuais dúvidas. Além disso, sempre haverá um ou mais responsáveis por responder os e-mails recebidos pelo hotel e por dar atendimento ao "Fale conosco".

10.1 Informações escritas (Written information)

Abordaremos dois tipos principais de informações escritas que o funcionário precisa estar apto a responder: os e-mails e as consultas feitas no "Fale conosco" do hotel.

Figura 10.1 - Notes on paper.

10.1.1 E-mails

Os e-mails (*electronic mails*) estão sendo cada vez mais usados, principalmente, por sua disponibilidade, rapidez e baixo custo 24 horas por dia, se comparados ao correio tradicional.

10.1.1.1 E-mails solicitando reservas e a resposta do hotel (Reservation emails)

A seguir, temos inicialmente um e-mail em que o cliente deseja fazer uma reserva no hotel. Ele especifica o tipo de acomodação, o número de pessoas que se hospedarão, o início e o término da hospedagem, além dos itens que quer no quarto e os serviços que deseja utilizar. Há ainda a solicitação de um e-mail do hotel para a confirmação da reserva. Na sequência, temos a resposta do hotel a esta solicitação.

Observe que há algumas expressões em destaque nos e-mails, com números ao lado, para as quais são sugeridas opções ou variações.

Vamos aos e-mails?

Subject: Reservation for a hotel room
To: Mr. Rodolfo Sampaio
Hotel Manager
Polka-dotted Elephant Hotel
São Paulo, SP

Dear Mr. Sampaio,

I would like to make a reservation (1) for a (2) double room (3) in your hotel, for three nights (4), from March 10 to March 13 (5) for two people (6). I would appreciate a quiet room with a view to the park, Internet access, room service, and laundry facilities (7). I am going to pay in cash (8).

I would like an email to confirm the reservation as soon as possible (9).

Thank you for your attention,
Sincerely,
Joseph Braun.

Opções/variações:

(1) to reserve, to book

(2) one, two, three etc.

(3) single room, suite, executive room etc.

(4) one night, five nights, a week, a weekend etc.

(5) June 5 – June 13 etc.

(6) one person, a group of 15 people, a couple and a baby, a couple with two children etc.

(7) a room with a quiet location/modern audio visual equipment/convenient workspace etc.

(8) by credit card, check

(9) at the earliest possible moment, till Friday, until tomorrow morning etc.

Os e-mails em resposta ao pedido de reserva devem incluir as seguintes informações:

- nome do hóspede(s) – name of the guest(s)
- nome da empresa – name of the company
- número de quartos – number of rooms
- data de chegada – arrival date
- data de saída – departure date
- tipo de acomodação – type of room
- forma de pagamento – mode/way of payment

Subject: Re: Reservation for a hotel room

To: Mr. Joseph Braun

Confirmation Number: 123456789
Check-in: Monday, March 10, 2014 (2:00 p.m.)
Check-out: Thursday, March 13, 2014 (11:30 a.m.)

Dear Mr. Braun

Thank you (1) for choosing our hotel. **We are pleased** (2) to confirm your **reservation** (3) **as follows** (4):

Guest name: Joseph Braun
Number of rooms: 1
Number of guests per room: 2
Room type: double room
Mode of payment: cash
Enjoy your stay at (5) Polka-dotted Elephant Hotel.

Best regards,

Rodolfo Sampaio
General manager
Polka-dotted Elephant Hotel

Opções/variações:

(1) We would like to thank you/ Thank you a lot/ We thank you

(2) We are delighted/ We have much pleasure

(3) Booking

(4) below there is a summary of your reservation.

(5) We hope you enjoy your stay with us/ We wish you a pleasant stay

10.1.1.2 E-mails contendo reclamações (Complaint emails)

O e-mail a seguir é uma reclamação de um hóspede sobre a vista do seu quarto, que era diferente do que tinha sido prometido durante a reserva.

Subject: Room view
To: Mr. Rodolfo Sampaio
Hotel manager

Mr. Sampaio,

I am writing to complain about (1) the room I'm staying at your hotel. When I made the reservation a month ago, I was told the room had a view to the park but in fact its window faces a dark concrete wall. I have been trying to change this room since I saw the mistake; however, Mr. Souza from the front desk told me the hotel is crowded.

I am really **upset and frustrated** (2) about this and look forward to hearing from you soon to solve this **situation** (3).

Respectfully,

Peter Sanders.
Room 145

Opções/variações:

(1) I'm complaining about

(2) disappointed/ abandoned/ ignored/ furious/ perplexed/ disrespected etc.

(3) Trouble/ problem

Vamos ler a resposta do gerente do hotel?

> Subject: Re: Room view
>
> Dear Mr. Sanders,
>
> Thank you for your e-mail telling us about the problem you have been *facing* (1) at our hotel. We are sorry you are in such a frustrating situation. We are making our best to find a better room for you.
>
> In case we do not find an appropriate one, we will give you a 50% discount on your bill as a *way of minimizing* (2) the inconvenience we have *caused* (3).
>
> Yours faithfully,
>
> Rodolfo Sampaio.
> General manager
> Polka-dotted Elephant Hotel

Opções/variações:

(1) encountering

(2) way/ manner to minimize

(3) created/ brought

10.1.1.3 E-mails com elogios (Compliment e-mails)

A seguir, o gerente recebe um e-mail elogiando a equipe do hotel. Não há necessidade de responder a este tipo de recebimento. Mas, no caso de fazê-lo, apenas um "Thank you very much" seria o suficiente.

> Dear Rodolfo Sampaio,
>
> I'd like *to compliment* (1) *your employees* (2) for the great service they provided me in the beginning of the month. They helped me many times during my stay and when the toilet wasn't flushing they got a person to fix it in a couple of minutes.
>
> Besides, I'd like to compliment you for *the quality of food and beverages* (3). Your restaurant is really fantastic. I have never been treated so well in my entire life. The hotel staff's professionalism and kindness exceeded my expectations.
>
> Sincerely,
>
> Edmond Errero

Opções/variações:

(1) to praise

(2) the members of your staff

(3) the services/ the employees' politeness/ the hotel amenities

10.1.1.4 Present perfect continuous

Destacamos a seguir duas orações extraídas dos e-mails estudados neste capítulo.

I have been trying to change this room.

(Venho tentando mudar de quarto.)

... the problem you have been facing at our hotel.

(... o problema que você vem enfrentando em nosso hotel.)

O tempo verbal usado é o present perfect continuous, que é formado pelo present perfect do verbo "to be" (has/have been) seguido do verbo principal no gerúndio (ou present participle). Este tempo é utilizado para mostrar que algo começou no passado e continua até o presente momento.

Nos exemplos dados, o problema citado pelo cliente começou no passado, ou seja, logo que ele se hospedou no hotel, e persiste até este momento.

10.1.1.5 Uso de -ing

Usamos verbos no gerúndio (com a terminação -ing) após preposições.

Veja os exemplos:

» Thank you for choosing our hotel.
(Obrigado por escolher nosso hotel.)

» Thanks for coming.
(Obrigado por ter vindo.)

» It is all about staying close to our clients.
(A questão é ficar próximos de nossos clientes.)

» You must check out before leaving.
(Você deve fazer o check-out antes de sair.)

» I have a better suggestion than going outside alone.
(Eu tenho uma sugestão melhor do que ir lá fora sozinho.)

10.1.2 "Fale Conosco" (Contact us)

O "Fale Conosco" dos *sites* pode aparecer em inglês sob os seguintes nomes: Contact us, *E-mail us, Join our list, Sign our guestbook* e *Chat*, de acordo com o artigo "Home Page: um novo gênero textual", de Ana Karina de Oliveira Nascimento e Laudo Natel do Nascimento (2014).

O que caracteriza esta seção dos *sites* é a sua interatividade. Assim, reafirmamos a necessidade de ter profissionais preparados para dar este atendimento, de forma eficaz e rápida.

Os clientes podem abordar aspectos ou problemas da sua reserva. Uma vez hospedados, poderão fazer críticas ou oferecer sugestões e, após a hospedagem, também poderão deixar comentários ou realizar consultas.

10.2 Informações verbais (Oral information)

Nos capítulos anteriores, vimos diversas situações em que os funcionários interagem verbalmente com os hóspedes. Vamos relembrar rapidamente?

» No Capítulo 1, estudamos os cumprimentos e as apresentações básicas;
» No Capítulo 2, conhecemos as expressões ligadas ao momento do check-in;
» No Capítulo 3, você ficou sabendo como orientar os hóspedes quanto à locomoção;
» No Capítulo 4, analisamos como informar sobre as acomodações;
» No Capítulo 5, refletimos em como informar os hóspedes com relação aos tipos de diárias e comodidades;
» No Capítulo 6, foram mostradas as informações que podem ser dadas por telefone (preços, solicitação de serviços ou reclamações);
» No Capítulo 7, estudamos a anotação e a transmissão de mensagens;
» No Capítulo 8, foi informado como oferecer pratos no restaurante, esclarecer dúvidas sobre os pratos, anotar e conferir o pedido e
» No Capítulo 9, estudamos as expressões relacionadas ao momento do check-out.

Desse modo, neste capítulo, mostraremos o que chamamos de "perguntas aleatórias" (*random questions*) para que os funcionários não sejam pegos de surpresa, uma vez que o hóspede poderá fazer perguntas sobre os mais variados assuntos, inclusive algumas delas inusitadas.

Vale lembrar ainda que o funcionário precisa se manter atualizado, tanto quanto aos assuntos ligados diretamente à hospedagem, como também quanto àqueles de cultura geral e atualidades. Conhecer a história da cidade em que trabalha é igualmente importante para um bom desempenho profissional.

O que acha de conhecermos agora as *random questions*?

» What's the voltage here?
(Qual a voltagem aqui?)

» What must I do in case of fire?
(O que devo fazer em caso de incêndio?)

» I'd like to know where the emergency exit is, just in case.
(Gostaria de saber onde fica a saída de emergência, no caso de precisar.)

» Could you recommend me a babysitter?
(Você poderia me recomendar uma babá?)

» Do you have mobile phone chargers?
(Vocês têm carregadores de telefone celular?)

» Does the hotel offer any cell phone to the guests?
(O hotel fornece algum aparelho celular para os hóspedes?)

Informações Gerais e Sugestões de Roteiros

- » Where is there a vending machine?
  (Onde há uma máquina automática?)

- » Do you have a partnership with a driver or guide to take us to a city tour?
  (Você tem parceria com algum motorista ou guia para nos levar a um tour pela cidade?)

- » I'd like to do a city tour. What do you suggest?
  (Gostaria de fazer um tour pela cidade. O que vocês sugerem?)

- » Can I take the shampoo and conditioner bottles when I leave the hotel?
  (Posso levar o xampu e condicionador quando eu deixar o hotel?)

> **Fique de olho!**
>
> "Mobile phone", "cellular phone", "cell phone" e "hand phone" são termos equivalentes para designar o telefone celular. "Mobile phone" e "cell phone" são os mais populares, sendo que o primeiro é mais usado no Reino Unido, e o segundo, nos Estados Unidos.

10.3 Sugestão de roteiros (Tour suggestions)

No atendimento a hóspedes, muitas vezes é preciso responder a perguntas relacionadas a roteiros turísticos ou sobre algum local específico.

10.3.1 Perguntas e respostas (Questions and answers)

Você conhece alguma pergunta que poderia ser feita?

- » Do you have any suggestions on routes to take in São Paulo?
  (Você tem alguma sugestão de rotas a seguir em São Paulo?)

- » I have no idea what to visit here. What do you suggest?
  (Não tenho a menor ideia do que visitar aqui. O que sugere?)

- » What are the things we must see during our stay in this city?
  (Quais coisas devemos ver durante a nossa estada nesta cidade?)

- » Do you have any suggestions on things we can't miss in this place?
  (Você tem alguma sugestão de coisas que não podemos deixar de ver neste lugar?)

- » Do you know any website on São Paulo city tours?
  (Você conhece algum site sobre passeios turísticos por São Paulo?)

- » I have three days in town. I want to see everything. Any recommendations?
  (Vou ficar três dias na cidade. Quero ver tudo. Alguma recomendação?)

- » I'd like to see the sights of this city. Would a walking tour be a good idea?
  (Gostaria de ver os pontos turísticos desta cidade. Um passeio a pé seria uma boa ideia?)

Agora, vamos ver algumas possibilidades de respostas:

» I think you can consider a walking tour.
(Acho que você pode fazer um passeio a pé.)

» You can reach a number of attractions within walking distance.
(Você pode ir a vários lugares aqui perto a pé.)

» I would like to suggest you the website cidadedesaopaulo.com.
(Sugiro o site cidadedesaopaulo.com.)

» You can go to a tourist information center. I'll give you the address.
(Você pode ir a um centro de informação ao turista. Vou lhe passar o endereço.)

» I recommend our cultural center. Here's the address.
(Recomendo o nosso centro cultural. Aqui está o endereço.)

» I think you shouldn't miss the Football Museum.
(Acho que você não pode deixar de ir ao Museu do Futebol.)

» You can't miss our street markets.
(Não pode deixar de ir às nossas feiras livres.)

10.3.2 Vocabulário (Vocabulary)

Retiramos do *site* da National Tour Association (NTA), algumas definições de termos usados ao nos referirmos a roteiros turísticos.

» **Attractions:** An item or specific interest to travelers, such as natural wonders, manmade facilities and structures, entertainment, and activities.

» **City tour:** A sightseeing trip through a city, usually lasting a half day or a full day, during which a guide points out the city's highlights.

» **Day tour (see sightseeing tour):** An escorted or unescorted tour that lasts less than 24 hours and usually departs and returns on the same day.

» **Driver-guide:** A tour guide who does double duty by driving a vehicle while narrating.

» **Educational tour:** A tour designed around an educational activity, such as studying art.

» **Escorted group tour:** A group tour that features a tour director who travels with the group throughout the trip to provide sightseeing commentary and coordinate all group movement and activities.

» **Group tour:** A travel package for an assembly of travelers that has a common itinerary, travel date, and transportation. Group tours are usually prearranged, prepaid, and include transportation, lodging, dining, and attraction admissions. See also escorted group tour.

- » **Guide or guide service:** A person or company qualified to conduct tours of specific localities or attractions.

- » **Incentive tour:** A trip offered as a prize, particularly to stimulate the productivity of employees or sales agents.

- » **On-site guide:** A tour guide who conducts tours of one or several hours' duration at a specific building, attraction, or site.

- » **Scheduled tour:** A tour that's set in a tour operator's regular schedule of tour departures and that's often sold to the general public. Also called public tour or retail tour.

- » **Sightseeing guide:** See driver/guide.

- » **Sightseeing tour:** Short excursions of usually a few hours that focus on sightseeing and/or attraction visits.

- » **Tour guide:** A person qualified (and often certified) to conduct tours of specific locations or attractions. See also step-on guide, city guide, on-site guide, and docent.

- » **Tour planner:** A person who researches destinations and suppliers, negotiates contracts, and creates itineraries for travel packages.

10.3.3 Onde encontrar informações (Where to find information)

Nos dias atuais, graças à Internet, temos à nossa disposição informações sobre praticamente todos os assuntos. Caberá então ao profissional da área de hospedagem manter-se atualizado e com disposição para buscar o que precisa. No site da Prefeitura de São Paulo, já citado anteriormente neste capítulo, há vasto material a respeito das possibilidades de roteiros e passeios que o profissional poderá sugerir ao hóspede, havendo inclusive vários folhetos para download. De um destes folhetos, o "Experience it all", extraímos alguns dados sobre a cidade. Pelos números de dimensões surpreendentes, podemos imaginar a variedade de roteiros a sugerir. Vamos a eles?

- » 46,000 rooms in 410 hotels and 62 hostels

    (46.000 quartos em 410 hotéis e 62 hostels)

- » 15,000 restaurants of 51 types of cuisines

    (15.000 restaurantes de 51 tipos de cozinhas)

- » 39 cultural centers

    (39 centros culturais)

- » 20,000 bars and night clubs

    (20.000 bares e clubes noturnos)

- » 125 museums
  (125 museus)

- » 164 theaters
  (164 teatros)

- » 53 large shopping malls
  (53 grandes shopping centers)

- » 13,000 stores at main shopping centers
  (13.000 lojas nos principais centros de compras)

- » 2 areas of environmental protection with waterfalls and indigenous villages
  (2 áreas de proteção ambiental com cachoeiras e aldeias indígenas)

- » 95 parks and green areas
  (95 parques e áreas verdes)

- » 4 large show theaters
  (4 grandes arenas de espetáculos)

- » 280 movie theaters
  (280 cinemas)

- » 9 soccer stadiums
  (9 estádios de futebol)

Ainda no mesmo site, há um dicionário de "paulistanês", com mais de 150 palavras e expressões típicas desta cidade, com as explicações em inglês. Seria interessante que o profissional que atua na cidade soubesse como explicar ao hóspede termos tão específicos, e que geralmente só os moradores da região conhecem. Por exemplo, "pingado", que é o café preto com um pouco de leite do paulistano, em inglês seria "black coffee with a little milk" ou "with a drop of milk", ou seja, não há uma palavra em inglês para isso.

Vamos ver outras definições curiosas relacionadas à gastronomia?

Misto quente: (Ham and cheese sandwich – pão de forma, presunto e queijo, na chapa (Figura 10.2).

Pão na chapa: (Grilled bread with butter – pão com manteiga na chapa da padaria/frigideira (Figura 10.3).

Geladinho: Ice candy – sacolé, sacolete, chupa-chupa, chupe-chupe, din-din, big-bem, juju, gelinho, suquinho, flau.

Figura 10.2 - Ham and cheese sandwich.

Figura 10.3 - Grilled bread with butter.

Figura 10.4 - Ice candy.

> **Fique de olho!**
>
> Vale a pena lembrar as palavras ou expressões que usamos para finalizar os e-mails:
>
> Formais:
>
> Sincerely,
>
> Kind regards,
>
> Yours sincerely (quando nos dirigimos ao destinatário pelo nome e o conhecemos de algum modo),
>
> Yours faithfully (quando não conhecemos o destinatário pelo nome),
>
> Best regards,
>
> Best wishes,
>
> Respectfully.
>
> Informais:
>
> Best,
>
> Regards,
>
> Cheers,
>
> Have a nice day!

> **Amplie seus conhecimentos**
>
> Já ouviu falar em Web 2.0?
>
> Segundo Pedro Doria, em seu artigo "Em sua nova geração, a Internet são várias redes. Não uma só", disponível em <http://blogs.estadao.com.br/pedro-doria/2010/09/12/em-sua-nova-geracao-a-internet-sao-varias-redes-nao-uma-so/> (acesso em 09 abr. 2014), Web 2.0 é a terceira geração da Internet, cuja principal característica é a interação. Isto significa que os sites desta versão permitem que as pessoas façam comentários e se relacionem.
>
> Ainda de acordo com Doria, a primeira geração era a Internet dos comandos escritos contra tela preta com letras e números brilhantes. A segunda foi gráfica com homepages pessoais.

Exemplo

Que tal ver exemplos com os principais verbos usados neste capítulo?

- » I prefer to book my room directly with the hotel.
  (Prefiro reservar meu quarto diretamente com o hotel.)
- » Would you like me to make you a reservation?
  (Você gostaria que eu fizesse uma reserva?)
- » Would you please reserve me a double room?
  (Você poderia me reservar um quarto de casal, por favor?)
- » I'm here to complain about this bad service.
  (Estou aqui para reclamar deste serviço ruim.)
- » I would particularly like to thank the hotel manager.
  (Gostaria particularmente de agradecer ao gerente do hotel.)
- » I recommend our municipal market.
  (Recomendo nosso Mercado Municipal.)
- » What do you suggest?
  (Qual sua sugestão?)

Vamos recapitular?

Neste capítulo, falamos a respeito de informações escritas e verbais que os funcionários do hotel precisam oferecer aos clientes e/ou hóspedes.

Nas informações escritas, mostramos e-mails e o "Fale conosco". Vimos que os e-mails podem se referir a reservas, reclamações ou elogios, e também demos sugestões de respostas a eles. No "Fale conosco", comentamos sobre a sua interatividade. Nas informações verbais, listamos algumas perguntas aleatórias que podem ser feitas no hotel, as *random questions*.

Estudamos o present perfect continuous, um tempo verbal que expressa uma ação que começou no passado e continua até o momento. Além disso, conhecemos o uso do gerúndio (-ing) após preposições.

Agora é com você!

1) Releia os e-mails vistos neste capítulo e escreva, na primeira coluna, A para as orações que se referem a reservas, B para as orações que se referem a reclamações e C para as orações que se referem a elogios:

	Thank you for your e-mail telling us about the problem...
	We are sorry you are in such a frustrating situation.
	I'd like to compliment your employees for the great service they provided me...
	I am really upset and frustrated about this...
	Thank you for choosing our hotel.
	We'd like to reserve a double room and a single room.
	I would appreciate a quiet room with a view to the park...
	Your staff was so interested and loving.
	Besides, I'd like to compliment you...
	I would like an e-mail to confirm the reservation.
	I am really irritated and hurt about this problem.
	I would like to book an executive suite.
	The hotel staff's professionalism and kindness exceeded my expectations.
	I would appreciate a room with modern audiovisual equipment.
	Below there is a summary of your reservation.

2) Escolha um dos verbos a seguir e complete as orações, usando o present perfect continuous:

> to carry – to clean – to feel – to plan – to study – to travel – to wait – to welcome – to work – to write

a) The receptionist is very busy today. She _____ guests for hours.

b) The restaurant manager _____ the wedding party for weeks.

c) He _____ in this hotel since he was 18. He loves to work here.

d) The guests from room 45 _____ for a reply to their e-mail since the beginning of the week. They are very angry about it.

e) The German tourists _____ around the world for months. Their next destination is Mexico.

f) All the operators _____ Spanish and English since last year.

g) The new chambermaid _____ the rooms on the 3rd floor since 9 o' clock.

h) The front desk clerk _____ a report for half an hour.

i) The porter _____ bags since 8 o'clock.

j) Mr. Nicholson _____ sick since he arrived from the hotel. He must see a doctor.

3) Relacione o início das frases, à esquerda, com seus finais, à direita:

#		
1	I would like to	double room.
2	Thank you	our best to solve the problem.
3	Thank you for choosing	make a reservation.
4	We are pleased to confirm your reservation	at Polka-dotted Elephant Hotel.
5	Room type:	about the room.
6	Enjoy your stay	for your attention.
7	Below there is	as follows.
8	I am writing to complain	to hearing from you soon.
9	I look forward	a summary of your reservation.
10	We are making	our hotel.

Inglês Instrumental: Comunicação e Processos para Hospedagem

4) Localize, no quadro abaixo, palavras em inglês que se referem a locais que poderão ser visitados pelo turista em uma cidade. Em português, as palavras são: biblioteca, capela, catedral, cinema, feira, festa, galeria, livraria, mercado, mosteiro, museu, padaria, parque e zoológico. As palavras podem aparecer em todas as direções.

E	W	R	S	T	A	P	Z	P	X	C	K	O	R	I	E	F	A	I	R
R	A	G	A	L	L	E	R	Y	U	H	S	O	C	A	M	E	Z	E	A
Y	B	C	R	A	F	S	E	R	A	S	C	K	R	Q	O	A	I	C	B
A	Q	C	R	K	T	A	U	I	X	M	H	U	L	Q	S	N	A	S	
B	A	B	L	A	J	Y	A	A	I	C	A	E	M	H	O	T	L	E	I
C	R	O	I	A	N	I	H	R	I	A	P	S	E	U	A	J	I	Z	M
W	Y	K	B	O	O	K	S	T	O	R	E	N	H	L	I	D	R	O	Z
O	P	M	R	A	D	Z	E	V	B	R	L	A	J	A	L	J	R	O	R
N	V	O	A	D	K	E	J	F	P	O	T	T	N	P	N	M	I	A	M
U	B	O	R	I	R	E	J	R	W	S	I	L	T	F	E	A	M	A	N
J	O	E	Y	Y	M	I	R	C	Y	P	O	E	G	H	M	J	F	E	R
O	S	V	R	O	C	O	U	Y	D	A	K	U	B	B	I	Y	O	S	L
I	H	F	V	C	X	S	C	R	C	R	L	E	P	E	R	J	K	A	A
N	A	G	M	X	B	R	S	L	A	K	X	O	O	E	P	O	L	B	R
P	G	D	S	E	I	V	O	M	A	A	M	W	T	S	M	P	A	R	D
O	E	A	I	M	P	M	P	U	L	T	M	S	G	M	Y	B	I	O	E
O	X	Y	G	W	E	P	U	E	I	E	A	M	E	B	U	Q	O	A	H
P	G	N	C	C	R	Q	I	S	E	N	I	U	M	G	U	S	K	Z	T
F	I	L	H	T	W	C	A	U	O	E	U	S	P	W	M	L	I	Y	A
P	N	D	N	Q	U	C	S	M	I	I	P	F	S	P	F	E	I	X	C

Informações Gerais e Sugestões de Roteiros

5) Relacione as colunas:

1	City tour		Uma pessoa que pesquisa destinos e suprimentos, negocia contratos e cria itinerários para pacotes de viagem.
2	Sightseeing tour		Uma pessoa ou empresa qualificada para conduzir passeios a localidades específicas ou atrações.
3	Tour planner		Uma pessoa qualificada (e geralmente certificada) para conduzir passeios a localidades ou atrações específicas.
4	Guide or guide service		Um passeio pela cidade, que geralmente dura um ou meio dia, durante o qual um guia mostra os destaques da cidade.
5	Tour guide		Pequenas excursões de geralmente poucas horas, que focam em visitas a pontos turísticos e/ou atrações.

Bibliografia

ANDRADE, A. A. C.; FRANCA, I. A. P. L.; ARAGÃO, J. M. A.; SIMÕES, M. L. **Gêneros textuais nos exames de língua inglesa do CEFET-PB: um estudo de caso**. Revista Prolíngua, v. 1, n. 1, p. 56-66, 2008.

ASK.COM. **How to calculate hotel occupancy rates**. Disponível em: <http://www.ask.com/question/how-to-calculate-hotel-occupancy-rates>. Acesso em: 23 fev. 2014.

BAUER, E. Simply recipes. **Waldorf salad**. Disponível em: <http://www.simplyrecipes.com/recipes/waldorf_salad/>. Acesso em: 04 mar. 2014.

BRINEY, A. HDI – **The Human Development Index**. The United Nations Development Program Produces the Human Development Report. Disponível em: <http://geography.about.com/od/countryinformation/a/unhdi.htm>. Acesso em: 17 fev. 2014.

CAMBRIDGE UNIVERSITY PRESS. Cambridge Academic Content Dictionary. **Hotel**. 2014. Disponível em: <http://dictionary.cambridge.org/dictionary/british/hotel_1?q=HOTEL>. Acesso em: 17 fev. 2014.

CARDOSO, Z. C. **Check-in:** um gênero familiar para recepcionista de hotel. The ESPecialist, v. 24, n. 2, p. 143-153, 2003.

CARVALHO, K. R. R. **Introducing people:** análise de gênero e tarefas de compreensão e produção orais. The ESPecialist, v. 32, n. 1, p. 1-24, 2011.

DEADMAN, I. Prezi. **Alexander Graham Bell versus Steve Jobs**. Disponível em: <http://prezi.com/neydc0s-wy5s/alexander-graham-bell-versus-steve-jobs/>. Acesso em: 01 mar. 2014.

FINLEY, E. **Tips for making a good first impression**. Dale Carnegie Training of the Bay Area. Disponível em: <http://www.dalecarnegiewaysf.com/2010/10/07/tips-for-making-a-good-first-impression/>. Acesso em: 03 mar. 2014.

GUINESS WORLD RECORDS. **Tallest hotel**. 2012. Disponível em: <http://www.guinnessworldrecords.com/world-records/1/tallest-hotel>. Acesso em: 21 fev. 2014.

KRIEGL, M. L. S. Leitura: um desafio sempre atual. **Revista PEC**, Curitiba, v. 2, n. 1, p. 1-12, jul. 2001-jul. 2002.

LONGMAN. Longman Dictionary of Contemporary English. **High season**. 2014a. Disponível em: <http://www.ldoceonline.com/dictionary/high-season>. Acesso em: 23 fev. 2014.

_____. Longman Dictionary of Contemporary English. **Low season**. 2014b. Disponível em: <http://www.ldoceonline.com/Tourism-topic/low-season>. Acesso em: 23 fev. 2014.

MUSEU DE ARTE DE SÃO PAULO ASSIS CHATEAUBRIAND. **Acervo**. A coleção do MASP. Disponível em: <http://masp.art.br/masp2010/acervo_sobre_o_acervo_do_masp.php>. Acesso em: **17 fev. 2014.**

NASCIMENTO, A. K. O.; NASCIMENTO, L. N. *Home Page:* um novo gênero textual. p. 228-234. Disponível em: <https://ri.ufs.br/bitstream/123456789/940/1/HomePageGenero.pdf>. Acesso em: 14 mar. 2014.

NATIONAL TOUR ASSOCIATION – NTA. **Glossary**. Disponível em: <http://www.ntaonline.com/for-members/resources/glossary/>. Acesso em: 15 mar. 2014.

OXFORD. Oxford Dictionaries. **Amenity**. 2014. Disponível em: <http://www.oxforddictionaries.com/definition/english/amenity?q=amenities>. Acesso em: 22 fev. 2014.

PAVESIC, D. **The psychology of menu design:** reinvent your 'silent salesperson' to increase check averages and guest loyalty. Restaurant Resource Group. Financial management tools & support services. Disponível em: <http://rrgconsulting.com/psychology_of_restaurant_menu_design.htm>. Acesso em: 04 mar. 2014.

RAMOS, R. C. G. ESP in Brazil: history, new trends and challenges. In: KRZANOWSKI, M. (ed.). **Current developments in English for academic and specific purposes in developing, emerging and least-developed countries**. Reading, UK: Garnet Education Publishing Ltd., 2008. p. 63-80.

_____. **Gêneros textuais:** uma proposta de aplicação em cursos de inglês para fins específicos. The ESPecialist, v. 25, n. 2, p. 107-129, 2004.

SÃO PAULO. Prefeitura de São Paulo – Turismo. SP Turismo. **Paulistanês.** 2014a. Dicionário. Disponível em: <http://paulistanes.spturis.com.br/>. Acesso em: 13 mar. 2014.

_____. Prefeitura de São Paulo – Turismo. SP Turismo. **What to see**. 2014b. Disponível em: <http://www.cidadedesaopaulo.com/sp/en/travel-guide>. Acesso em: 15 mar. 2014.

SETUP MY HOTEL. **Sample standard telephone welcome greetings used in hotels**. 2014a. Disponível em: <http://www.setupmyhotel.com/train-my-hotel-staff/front-office-training/290-telephone-greetings.html>. Acesso em: 28 fev. 2014.

_____. **Types of rate codes used in hotels**. 2014b. Disponível em: <http://www.setupmyhotel.com/train-my-hotel-staff/front-office-training/178-types-of-room-rates-used-in-hotels.html>. Acesso em: 22 fev. 2014.

THE LONDON TAXI COMPANY. **Origins**. 2013-2014. Disponível em: <http://www.london-taxis.co.uk/history>. Acesso em: 08 mar. 2014.

THE MEAT HOUSE. The Butcher's Blog. **How to cook a Cowboy Steak**. 10 nov. 2011. Disponível em: <http://themeathouseblog.com/2011/11/10/how-to-cook-a-cowboy-steak/>. Acesso em: 05 mar. 2014.

TRIP ADVISOR. Sao Paulo Traveler Article. **Sao Paulo: museums and attractions**. Disponível em: <http://www.tripadvisor.com/Travel-g303631-s410/Sao-Paulo:Brazil:Museums.And.Attractions.html>. Acesso em: 18 fev. 2014.

UNIVERSO ONLINE. UOL Educação. **Alexander Graham Bell**. Disponível em: <http://educacao.uol.com.br/biografias/alexander-graham-bell.jhtm>. Acesso em: 01 mar. 2014.

USING ENGLISH. **Here are the IPA (International Phonetic Alphabet) symbols for the common sounds of English**. 2006. Disponível em: <http://www.usingenglish.com/files/pdf/common-ipa-international-phonetic-alphabet-symbols.pdf>. Acesso em: 13 fev. 2014.

WARD, E. Travel snitch. **The inside guide to travel. The weird items hotel guests forget**. 4 fev. 2011. Disponível em: <http://www.travelsnitch.org/categories/features/weird-items-hotel-guests-forget/>. Acesso em: 09 mar. 2014.

Apêndice A

Tendências e Perspectivas do Inglês Instrumental para o Futuro

Para vislumbrarmos como será o futuro do inglês instrumental no Brasil, convém lembrarmos suas origens. Como já dissemos na apresentação deste livro, o inglês instrumental teve início na década de 1970, por meio do Projeto Nacional de Ensino de Inglês Instrumental em Universidades Brasileiras, na Pontifícia Universidade Católica de São Paulo (PUC), expandindo-se, posteriormente, para outras universidades e escolas técnicas do país.

Na época, criou-se o Centro de Pesquisa, Recursos e Informação em Linguagem (CEPRIL), coordenado pela professora Rosinda Ramos, o qual fazia a coleta e a distribuição de materiais pelo Brasil, ajudando professores com materiais escritos e *feedback*. De 1985 a 1989, o projeto se voltou às escolas técnicas federais.

No artigo "ESP in Brazil: history, new trends and challenges", Ramos (2008) aponta que o inglês instrumental tem seu lugar no contexto educacional brasileiro, sendo uma área bem estabelecida no ensino de idiomas. Isto pode ser verificado por meio dos inúmeros livros de inglês instrumental lançados no mercado nos últimos anos, por ser o nome de muitos cursos oferecidos nas universidades brasileiras e por ser parte do conteúdo indicado para os vestibulares.

Ainda segundo a autora, nos anos 1980, os alunos liam textos extraídos de jornais, revistas, livros etc. Atualmente, eles precisam ler diversos gêneros textuais e também desenvolver habilidades de leitura que os auxiliem com os materiais na internet e para ler textos acadêmicos em suas áreas.

Além disso, solicita-se que eles escrevam *abstracts* de teses, façam apresentações orais, deem e participem de palestras.

Um leitor, nos anos 1980, costumava ler materiais impressos, enquanto o de hoje está exposto a muitas modalidades linguísticas (escrita, visual etc.). Esses novos alunos têm necessidades bem específicas, em um mundo cada vez mais especializado. Por exemplo, na indústria hoteleira, há a necessidade de cursos que deem prioridade às tarefas que os funcionários têm que desenvolver em sua rotina profissional e, como a tecnologia está cada vez mais presente em nossas vidas, está crescente a demanda por cursos de educação a distância.

Duas dissertações voltadas à área de Turismo ("'Introducing people': análise de gênero e tarefas de compreensão e produção orais", de 2011, de Keila Rocha Reis de Carvalho, e "Check-in: um gênero familiar para recepcionista de hotel", de 2003, de Zélia Cemin Cardoso) apontam para a teoria de gêneros, e certamente muitos outros trabalhos ainda estão por vir nesta área, dada a sua importância na economia nacional.

Apêndice B

Estratégias de Leitura (Reading Strategies)

Na constante busca por aprimoramento e atualização, o profissional de hospedagem pode usar a leitura como fonte de informação. Para que esse processo seja mais eficiente e rápido, empregar estratégias de leitura é um recurso valioso e que merece ser estudado. De acordo com Kriegl (2001, 2002), o ato de ler ativa uma série de ações na mente do leitor, por meio das quais ele extrai informações. A essas ações é que se dá o nome de estratégias de leitura.

Precisamos ainda pensar que existe mais de uma forma de ler, dependendo do nosso objetivo ou propósito. Além disso, nem sempre é necessário entender palavra por palavra. Podemos ler para ter uma ideia geral, ou apenas para localizar a informação desejada.

Vamos conhecer algumas estratégias?

Skimming ou skim reading

"To skim", em inglês, significa correr ou passar os olhos por. Desse modo, a estratégia "skimming" consiste em ler rapidamente em busca de uma ideia geral. É o que fazemos quando nos deparamos com um texto e queremos simplesmente saber do que se trata, sem empregar muito tempo. Em geral, é a primeira estratégia que usamos ao ler, ainda que inconscientemente. Observamos o título, os subtítulos, as ilustrações e batemos os olhos em algumas palavras, o que costuma ser o suficiente para tal objetivo.

Scanning

"To scan", em inglês, significa examinar, sondar, explorar. Portanto, a estratégia "scanning" é utilizada para localizarmos algo específico no texto. Geralmente, iremos encontrar muitas informações associadas a números e nomes próprios.

Dedução (Deduction)

Fazemos deduções praticamente o tempo todo. Quando encontramos uma palavra desconhecida no texto, olhamos primeiramente a frase em que ela está, tentando relacioná-la às que já conhecemos. Se for preciso, expandimos a nossa dedução a outras frases. Apenas em último caso recorremos ao dicionário. O conhecimento prévio que temos do assunto tem um papel bem útil na dedução.

Parte do discurso (Part of speech)

Nas orações afirmativas em inglês, a ordem dos termos é sujeito + verbo + complementos, como em português. Verificar em que parte da oração está determinada palavra que não conhecemos pode ajudar na dedução. É importante perceber se o que desejamos entender é um verbo, um substantivo, um adjetivo, um advérbio etc.

Ativação de vocabulário (Vocabulary activation)

A partir do momento em que fazemos *skimming* em um texto, o vocabulário que temos relativo ao assunto abordado imediatamente vem à nossa mente, bem como informações relacionadas ao tema. Essa ativação pode ser desencadeada por uma imagem, pelo *layout* do texto, por um nome próprio, ou simplesmente por palavras. O tipo de publicação também desencadeia esse processo.

Público (Audience)

Podemos ler qualquer coisa que caia em nossas mãos, mas nem sempre somos o leitor em quem o escritor pensou ao escrever. Devemos atentar para quem o texto foi escrito, ou seja, se é direcionado para crianças, jovens ou adultos, homens ou mulheres, profissionais de determinada categoria, público geral, entre outros. Isso porque o público a que o texto se destina é quem irá determinar as escolhas lexicais, o grau de formalidade e as estruturas gramaticais, desde as mais simples às mais complexas.

Gênero textual (Genre)

Perceber a que gênero determinado texto pertence nos auxilia na sua compreensão, pois cada um apresenta características que o diferenciam dos demais. Assim, podemos ter um relatório, uma carta de apresentação, um currículo, um cardápio, um anúncio de emprego, uma receita de bolo, uma propaganda de determinado hotel, um e-mail pedindo informações etc.

Estrutura (Structure)

Normalmente, os textos têm, em sua estrutura, a introdução, o desenvolvimento e a conclusão: apresentam começo, meio e fim. Perceber essa organização também pode nos ajudar na compreensão.

Dicas tipográficas (Typographical clues)

Neste item nos referimos ao aspecto visual do texto, à sua apresentação ou formatação. Um texto sem esses elementos pode se tornar difícil de compreender. Devemos prestar mais atenção ao que estiver destacado em um texto. Vejamos alguns destes elementos visuais: o negrito, o itálico, o sublinhado, as letras maiúsculas, as cores, as fotos, os desenhos, as tabelas, os diagramas, os gráficos, os logotipos e os mapas. Símbolos também são importantes, bem como a pontuação, o espaçamento entre as partes, a organização em tópicos ou parágrafos etc.

Cognatos (Cognates)

Aproximadamente 20% das palavras da língua inglesa são cognatas em português, ou seja, têm uma origem comum: o latim. Portanto, são parecidas ou até mesmo iguais nas duas línguas, possuindo o mesmo significado. Podemos citar vários exemplos relacionados à hospedagem: access, accessible, accommodation, apartment, attractive, bar, coffee, cancellation, comfort, comfortable, connecting, elegant, event, excellent, familiar, group, hotel, individual, information, international, local, located, luxurious, modern, number, offer, promotion, reception, recreation, reservation, reserve, restaurant, service, spacious, style, telephone, traditional, unit etc.

Devemos sempre nos lembrar de que existem os falsos cognatos, vocábulos que também se parecem com palavras em português, mas que não apresentam o mesmo significado. O contexto ajuda a verificarmos se o cognato é falso ou verdadeiro. Podemos citar também alguns exemplos de falsos cognatos: commodity (mercadoria, produto), disposable (descartável), gratuity (gorjeta), hospice (albergue), library (biblioteca), patron (cliente), sensible (sensato).

Apêndice C

Gramática (Grammar)

Verb Tenses

Tabela C.1 - Simple present tense

Affirmative	Negative	Interrogative
I work	I do not work	Do I work?
You work	You do not work	Do you work?
He/She/It works	He/She/It does not work	Does he/she/it work?
We work	We do not work	Do we work?
You work	You do not work	Do you work?
They work	They do not work	Do they work?

Tabela C.2 - Simple past tense

Affirmative	Negative	Interrogative
I worked	I did not work	Did I work?
You worked	You did not work	Did you work?
He/She/It worked	He/She/It did not work	Did he/she/it work?
We worked	We did not work	Did we work?
You worked	You did not work	Did you work?
They worked	They did not work	Did they work?

Tabela C.3 - Simple future tense

Affirmative	Negative	Interrogative
I will work	I will not work	Will I work?
You will work	You will not work	Will you work?
He/She/It will work	He/She/It will not work	Will he/she/it work?
We will work	We will not work	Will we work?
You will work	You will not work	Will you work?
They will work	They will not work	Will they work?

Tabela C.4 - Present continuous tense

Affirmative	Negative	Interrogative
I am working	I am not working	Am I working?
You are working	You are not working	Are you working?
He/She/It is working	He/She/It is not working	Is he/she/it working?
We are working	We are not working	Are we working?
You are working	You are not working	Are you working?
They are working	They are not working	Are they working?

Tabela C.5 - Past continuous tense

Affirmative	Negative	Interrogative
I was working	I was not working	Was I working?
You were working	You were not working	Were you working?
He/She/It was working	He/She/It was not working	Was he/she/it working?
We were working	We were not working	Were we working?
You were working	You were not working	Were you working?
They were working	They were not working	Were they working?

Tabela C.6 - Future continuous tense

Affirmative	Negative	Interrogative
I will be working	I will not be working	Will I be working?
You will be working	You will not be working	Will you be working?
He/She/It will be working	He/She/It will not be working	Will he/she/it be working?
We will be working	We will not be working	Will we be working?
You will be working	You will not be working	Will you be working?
They will be working	They will not be working	Will they be working?

Tabela C.7 - Present perfect tense

Affirmative	Negative	Interrogative
I have worked	I have not worked	Have I worked?
You have worked	You have not worked	Have you worked?
He/She/It has worked	He/She/It has not worked	Has he/she/it worked?
We have worked	We have not worked	Have we worked?
You have worked	You have not worked	Have you worked?
They have worked	They have not worked	Have they worked?

Tabela C.8 - Past perfect tense

Affirmative	Negative	Interrogative
I had worked	I had not worked	Had I worked?
You had worked	You had not worked	Had you worked?
He/She/It had worked	He/She/It had not worked	Had he/she/it worked?
We had worked	We had not worked	Had we worked?
You had worked	You had not worked	Had you worked?
They had worked	They had not worked	Had they worked?

Tabela C.9 - Future perfect tense

Affirmative	Negative	Interrogative
I will have worked	I will not have worked	Will I have worked?
You will have worked	You will not have worked	Will you have worked?
He/She/It will have worked	He/She/It will not have worked	Will he/she/it have worked?
We will have worked	We will not have worked	Will we have worked?
You will have worked	You will not have worked	Will you have worked?
They will have worked	They will not have worked	Will they have worked?

Tabela C.10 - Present perfect continuous tense

Affirmative	Negative	Interrogative
I have been working	I have not been working	Have I been working?
You have been working	You have not been working	Have you been working?
He/She/It has been working	He/She/It has not been working	Has he/she/it been working?
We have been working	We have not been working	Have we been working?
You have been working	You have not been working	Have you been working?
They have been working	They have not been working	Have they been working?

Tabela C.11 - Past perfect continuous tense

Affirmative	Negative	Interrogative
I had been working	I had not been working	Had I been working?
You had been working	You had not been working	Had you been working?
He/She/It had been working	He/She/It had not been working	Had he/she/it been working?
We had been working	We had not been working	Had we been working?
You had been working	You had not been working	Had you been working?
They had been working	They had not been working	Had they been working?

Tabela C.12 - Future perfect continuous tense

Affirmative	Negative	Interrogative
I will have been working	I will not have been working	Will I have been working?
You will have been working	You will not have been working	Will you have been working?
He/She/It will have been working	He/She/It will not have been working	Will he/she/it have been working?
We will have been working	We will not have been working	Will we have been working?
You will have been working	You will not have been working	Will you have been working?
They will have been working	They will not have been working	Will they have been working?

50 verbos regulares (50 regular verbs)

Infinitive	Past	Past participle	Translation
to agree	agreed	agreed	concordar
to allow	allowed	allowed	permitir
to answer	answered	answered	responder
to arrange	arranged	arranged	arranjar
to arrive	arrived	arrived	chegar
to ask	asked	asked	pedir, perguntar
to believe	believed	believed	acreditar
to call	called	called	chamar, telefonar
to carry	carried	carried	carregar
to celebrate	celebrated	celebrated	comemorar, celebrar
to change	changed	changed	mudar

Infinitive	Past	Past participle	Translation
to cook	cooked	cooked	cozinhar
to decide	decided	decided	decidir
to deliver	delivered	delivered	entregar
to divide	divided	divided	dividir
to enjoy	enjoyed	enjoyed	divertir-se
to exchange	exchanged	exchanged	trocar
to finish	finished	finished	terminar
to follow	followed	followed	seguir
to guide	guided	guided	guiar
to help	helped	helped	ajudar
to improve	improved	improved	melhorar
to knock	knocked	knocked	bater
to last	lasted	lasted	durar
to like	liked	liked	gostar
to listen	listened	listened	ouvir
to live	lived	lived	viver, morar
to need	needed	needed	precisar
to offer	offered	offered	oferecer
to order	ordered	ordered	ordenar, pedir
to owe	owed	owed	dever
to own	owned	owned	possuir, ter
to place	placed	placed	colocar
to prefer	preferred	preferred	preferir
to prepare	prepared	prepared	preparar

Infinitive	Past	Past participle	Translation
to receive	received	received	receber
to refuse	refused	refused	recusar
to remember	remembered	remembered	lembrar
to repeat	repeated	repeated	repetir
to reply	replied	replied	responder
to search	searched	searched	procurar
to serve	served	served	servir
to succeed	succeeded	succeeded	ter sucesso
to taste	tasted	tasted	provar (comida, bebida)
to thank	thanked	thanked	agradecer
to travel	travelled	travelled	viajar
to use	used	used	usar
to want	want	want	querer
to watch	watched	watched	observar, assistir
to welcome	welcomed	welcomed	dar as boas-vindas

50 verbos irregulares (50 irregular verbs)

Infinitive	Past	Past Participle	Translation
to be	was/were	been	ser, estar
to become	became	become	tornar-se
to begin	began	begun	começar, principiar
to bleed	bled	bled	sangrar
to bring	brought	brought	trazer
to build	built	built	construir
to buy	bought	bought	comprar

Infinitive	Past	Past Participle	Translation
to catch	caught	caught	agarrar, apanhar
to choose	chose	chosen	escolher
to come	came	come	vir, chegar, acontecer
to cost	cost	cost	custar
to deal	dealt	dealt	negociar, distribuir, tratar
to do	did	done	fazer, executar, efetuar
to drink	drank	drunk	beber, embriagar-se
to drive	drove	driven	guiar, impelir
to eat	ate	eaten	comer
to fall	fell	fallen	cair
to feed	fed	fed	alimentar (se), suprir
to feel	felt	felt	sentir
to find	found	found	achar, encontrar
to forbid	forbade	forbidden	proibir
to forget	forgot	forgotten	esquecer (se)
to forgive	forgave	forgiven	perdoar
to give	gave	given	dar, conceder
to go	went	gone	ir
to have	had	had	ter, possuir
to hear	heard	heard	ouvir
to know	knew	known	saber, conhecer
to learn	learnt, learned	learnt, learned	aprender
to leave	left	left	deixar, sair, abandonar
to lend	lent	lent	emprestar
to make	made	made	fazer, produzir, fabricar
to meet	met	met	encontrar (se)
to pay	paid	paid	pagar

Apêndice C - Gramática (Grammar)

Infinitive	Past	Past Participle	Translation
to read	read	read	ler
to say	said	said	dizer
to see	saw	seen	ver
to seek	sought	sought	procurar, buscar
to sell	sold	sold	vender
to send	sent	sent	enviar, remeter, expedir
to set	set	set	por, fixar, arrumar
to sit	sat	sat	sentar
to sleep	slept	slept	dormir
to speak	spoke	spoken	falar
to spend	spent	spent	passar, gastar, consumir
to take	took	taken	tomar, pegar
to tell	told	told	dizer, contar
to think	thought	thought	pensar, achar
to understand	understood	understood	entender, compreender
to write	wrote	written	escrever

Marcadores do Discurso* (Discourse Markers)

Os marcadores do discurso são palavras que estabelecem uma ligação entre as ideias.

Addition of ideas	And, also, too, in addition to, besides, furthermore, moreover
Cause	Because, because of this, because of that, for this reason, for that reason, for

Comparison	Correspondingly, in the same way, in like manner, like, likewise, similarly
Condition	If, unless, whether
Consequence	as a result, consequently, for this reason, for that reason, so, then, thus, therefore
Emphasis	actually, as a matter of fact, certainly, do, does, indeed, in fact
Contrast	But, despite, however, in spite of, instead, nevertheless, on the contrary, on the other hand, unlike, yet
Enumeration	First, firstly, first of all, to begin, second, secondly, one, two, and, next, finally, to conclude, thus
Exemplification	e.g., for example, for instance, in other words, in particular, namely, such as, that is to say
Summary	briefly, in a word, in short, in summary, shortly, summing up, to conclude, to sum up
Time	When, in 2014, since the beginning of the year, since the beginning of the month, last week, last month, yesterday, a week ago etc.

*Também chamados de *connectives*, *linking words*, *linking phrases* ou sentence *connectors*.

Grau dos Adjetivos (Degrees of Comparison)

Formas invariáveis	
Tipo de comparação	Exemplos
Comparativo de Igualdade Afirmativo: as + adjetivo/advérbio + as (tão ... como/quanto) Negativo: not so/not as + adjetivo/advérbio + as (não tão ... como/quanto)	as big as = tão grande quanto not so (as) big as = não tão grande quanto as expensive as = tão caro quanto not so (as) expensive as = não tão caro quanto
Comparativo de Inferioridade less + adjetivo/advérbio + than (menos ... que)	less expensive than = menos caro que
Superlativo de Inferioridade The least + adjetivo/advérbio (o/a menos ...)	The least hot = o/a menos frio The least expensive = o/a menos caro
Comparativo de Superioridade (com adjetivos/advérbios de mais de duas sílabas) More + adjetivo/advérbio + than (mais ... que)	more expensive than = mais caro que more quietly than = mais silenciosamente que
Superlativo de Superioridade (com adjetivos/advérbios de mais de duas sílabas.) The most + adjetivo/advérbio (o/a mais ...)	The most expensive = o mais caro The most quietly = o mais silenciosamente

Apêndice C - Gramática (Grammar)

Formas variáveis	
Tipo de comparação	Exemplos
Comparativo de Superioridade (com adjetivos/advérbios de uma ou duas sílabas) Adjetivo/advérbio + -er than (mais ... que)	richer than = mais rico que happier than = mais feliz que
Superlativo de Superioridade (com adjetivos/advérbios de uma ou duas sílabas.) The + adjetivo/advérbio + -est (o/a mais ...)	the richest = o mais rico The happiest = o mais feliz
Formas irregulares	
Alguns adjetivos e advérbios têm formas irregulares no comparativo e superlativo de superioridade.	Good (bom/boa) - better than – the best Bad (ruim/mau) - worse than – the worst

Apêndice D

American English vs. British English

Português	Inglês americano	Inglês britânico
antena de TV ou rádio	antenna	aerial
apartamento	apartment, flat, studio	flat
avião	airplane	aeroplane
bagagem de mão	carry-on baggage	hand luggage
banheira	tub, bathtub	bath
banheiro público	restroom, public bathroom	public toilet
bar	bar	pub
biscoitos, bolachas	cookies	biscuits
caixa de correio	mail box	post box
centro da cidade	downtown	town centre, city centre
chamada a cobrar	collect call	reverse charge
cinema	the movies, movie theater	the cinema
código de área	area code	dialling code
código postal	zip code	postcode
conta	bill, check	bill
correio	mail	post
cronograma, horário	schedule	timetable
doces	candies	sweets

Português	Inglês americano	Inglês britânico
elevador	elevator	lift
entrada	appetizer	starter
estacionamento	parking lot	car park
férias	vacations	holidays
futebol	soccer	football
futebol americano	football	American football
gasolina	gas	petrol
guarda-roupa, armário	closet	wardrobe
loja	store	shop
metrô	subway	tube, underground
outono	fall	autumn
passagem de ida	one-way ticket	single ticket
passagem de ida e volta	round-trip ticket	return ticket
sobrenome	last name	surname